抑止力神話の先へ

安全保障の
大前提を疑う

柳澤協二　加藤　朗
内藤　酬　伊勢崎賢治

自衛隊を活かす会●編

かもがわ出版

まえがき

「自衛隊を活かす会」――。本書の編集にあたっているこの会は、今から約六年前の二〇一四年六月に産声をあげました。正式名称を「自衛隊を活かす：21世紀の憲法と防衛を考える会」と言います。元防衛官僚で内閣官房副長官補だった柳澤協二が代表で、国連PKOで武装解除部長を務めたことのある伊勢﨑賢治（東京外国語大学教授）、テロ問題の権威で防衛研究所に長く勤務した加藤朗（桜美林大学教授）が呼びかけ人です。

この会の目的を一言で言えば、「21世紀にふさわしい自衛隊の活かし方を、日本防衛と国際秩序構築の両面で打ち出すこと」（設立趣意書）です。その際、自衛隊を否定することなく、同時に、「国防軍」や集団的自衛権行使に向かうこともなく、「現行憲法のもとで誕生し、国民に支持されてきた自衛隊のさらなる可能性を探り、活かす方向にこそ、国民と国際社会に受け入れられ、時代にふさわしい防衛のあり方がある」(同右)というのが、基本的な出発点でした。

この六年間、そういう見地から、元幹部自衛官、防衛大学校教授、国際政治学者などをお招きし、三〇回程度のシンポジウムを開催し、議論を進めてきました。その中から、「提言:変貌する安全保障環境における「専守防衛」と自衛隊の役割」(二〇一五年五月一八日)を公表し、各政党代表をお招きした円卓会議では「提言:南スーダン自衛隊派遣を提唱し、国際貢献の新しい選択肢を検討すべきだ」(二〇一七年四月一七日)を提示しています。

さらに、とりわけ最近の二年間に重視してきたのが、本書の主題である「抑止力」の研究でした。抑止力とは何を意味するのか、冷戦時代につくられたこの概念が現代にも通じるのか、などという基本的なことが、安全保障の専門家の間でさえ十分に議論されていません。しかも、そういう状態のままで、「抑止力を強化すれば日本は安全だ」ということが安全保障の自明の大前提とされ、誰も異を唱えられない状態になっています。そういう現状に対して、根源的な疑問を投げかけ、新しい安全保障の哲学を打ち立てるべきだと考えたのです。

本書は、防衛研究所の現役やOBの方々、大学の研究者の方々との八回にわたる討論を通じて、会のメンバーが到達した地点を整理したものです。その討論に参加してくださった方々の中から、内藤酬さん（元防衛研究所助手）にも執筆に加わっていただきました。日本の平和と安全を根底から問い直し、時代にふさわしい安全保障政策を樹立したいと願う人々にとって、本書が意味を持つことを期待します。

二〇二〇年二月　松竹伸幸（「自衛隊を活かす会」事務局長）

もくじ●抑止力神話の先へ——安全保障の大前提を疑う

まえがき　1

Ⅰ　抑止に替わる戦略はあるか……………………柳澤協二　11

はじめに　12

1、抑止とは何なのか　15

抑止を定義する　15

抑止はどういう場合に成り立つのか　20

2、抑止の論理を実例で検証する　27

ミサイル防衛ケース　27

島嶼防衛ケース　32

南シナ海ケースと台湾海峡ケース　37

ホルムズ海峡ケース　42

3、抑止が成立する条件　44

「同盟の抑止力」という成功体験を疑う　44

米国はなぜ戦争に慎重なのか？　50

抑止は永久不滅のキーワードではない　54
おわりに　58

Ⅱ　抑止、拡大抑止とその将来……………………………………………63
加藤朗

1、抑止の定義　64
情報の相互作用　66
国際政治学から見た抑止　68
2、拡大抑止とは何か　72
ヤマアラシの恋愛関係　72
二重決定と日米同盟　74
日米同盟の信頼性　79
3、日本の取るべき戦略　80
北東アジア非核三原則構想を提唱する　81
最終目標としての東アジア非核地帯構想　83
ＩＮＦ条約と日本の役割　86

4、ＡＩと抑止　88
「彼を知り己を知れば百戦殆からず」時代のデジタル情報　88
地政学の復権と民主主義脆弱化の時代に　92

Ⅲ　思想的背景から見た抑止の現在と未来……………内藤酬　97

1、抑止の歴史とその思想　98
「大量報復」から「柔軟反応」へ　98
戦略を支える思想　103
抑止は曖昧さを基礎にした戦略　107
2、抑止の思想的背景　112
クラウゼヴィッツとボーフル　113
東洋の思想と科学　118
3、抑止を超える思想はどこにあるか　124
地球的規模のネットワークの時代に　125
誰もが拒否権を持つ時代に　130

冷戦後の時代にふさわしい思想を 136
おわりに 145

Ⅳ 抑止と無縁な非対称戦の現状と課題……149 伊勢﨑賢治
はじめに 150
1、先制攻撃を任務としたＰＫＯの現状 156
「住民の保護」任務がもたらしたもの 156
ＰＫＯの現状を理解するために 160
ＰＫＯはどう改革されようとしているか 169
2、ＰＫＯ改革で不可欠となった軍事法廷 174
戦後の軍駐留後の国家建設の問題 176
犯罪は裁かれなければならない 182
国連もＰＫＯ要員を裁くことになった 192
3、日本でも国内法が必要だ 197

あとがきに代えて　209
〈提言〉抑止に替わる安全保障に向けて
自衛隊を活かす会
編著者プロフィール　221

I

抑止に替わる戦略はあるか

柳澤 協二

はじめに――抑止力という実体はあるのか?

「抑止力」という言葉は、安全保障の議論の中ではもちろん、一般国民の間でも普通に使われるようになっています。メディアでも広く使われています。しかし、今回、わたしは論考の表題に「抑止力」という言葉を使うのをやめました。なぜか。

それは、一言で言えば、抑止という作用は存在しても、抑止力という計測可能な実体は存在しないと考えるからです。

たとえばイージス・アショアを秋田に配置する件で、現地の人々が心配しているのは、ミサイル防衛の中核施設がつくられることになったら、いざというとき真っ先に狙われて秋田の市街地に被害が出るのではないかということです。これに対して、政府は「イージス・アショアがあれば抑止力になるから、ミサイルは飛んでこない」という説明をしています。それは何かおかしいと思うのです。

イージス・アショアは、有事に飛来するミサイルを落とすための装備です。「それがなければ落とせない」というのはわかりますが、「それがあればミサイルが飛んでこない」というのは、飛躍しすぎです。「自衛隊がなければ守れない」ということと、「自衛隊があれば攻めてこない」というのが違う論理であるのと同じで、「敵が攻めてくるかもしれないから、自衛隊やミサイル防衛で万一に備える」というのが真っ当な論理です。万一は、あるのです。だからイージス・アショアが必要なのでしょう?

そもそも、なぜ秋田が攻撃されるのでしょうか。ある国が日本を攻撃する場合、優先的な目標は、まず重要な軍事施設、次に政治的・経済的に重要な地域です。秋田には陸上自衛隊の普通科連隊がいますが、全国に数十ある連隊の一つで、しかも有事には駐屯地を留守にして展開します。秋田は県都ではありますが、優先的目標となるほど政治的経済的に重要とも言えない。地元の人の不安は、有力なミサイル防衛拠点ができることによって、優先的な攻撃目標になるのではないか、ということなのです。

「秋田がミサイル攻撃を受けても、イージス・アショアで撃ち落とすから大丈夫」と言うならわかります。しかし、導入される新型迎撃ミサイルは、これまで三回の実験で一回しか迎撃に成功していません。命中率は今後改善されるとしても、ミサイル防衛に完全はありません。だから、「撃ち落とせるから大丈夫」とは言えないのです。

そもそも、一～二発のミサイルが飛んでくるのが有事ではありません。敵は、こちらのスキをついてたくさんのミサイルを使って多くの目標を攻撃します。イージス・アショアによってミサイル防衛能力は向上するでしょう。それは、日本への攻撃を抑止する一つの要素にはなると思います。

しかし、やはり完ぺきではありえません。こちらの防御の裏をかくのが戦争ですから。それなのに、「抑止力があるからミサイルが飛んでこない」などと本気で考えているとすれば、わたしはその方が心配です。

抑止というのは、あくまでも敵との相対的な力関係の問題ですから、一つの装備があれば、戦争を抑え、止める実体的な力があるかのように言うのは、やはりおかしい。

そして、まさにその抑止が崩れるから戦争になる。戦争になったら、今やミサイルが戦争の決め手なのですから、ミサイル防衛の重要施設が真っ先に目標になるのは誰にでもわかることです。

もう一つ気になるのは、アメリカが抑止という言葉をどう使っているかといえば、「戦争になったら勝つことによって戦争を防ぐ」というものです。ところが日本は、「抑止力があれば戦争にならない」と思っている。そこに非常に大きなギャップがあるのではないかと思うのです。

日本は「イージス・アショアがあればミサイルは飛んでこない」というけれども、ミサイルが飛んでくることを前提に安全保障を考えているのがアメリカです。その時は、どうやって相手をやっつけてやろうか、と考える。日本の場合、抑止力があれば相手は攻めてこないと考える。だから、いざ攻められたときに、きっとパニックになる。その辺のリアリティがないまま安全保障が論じられているところに、大きな問題があると思うのです。

抑止とは、相手との力関係をどう認識し、攻撃の代価をどう払わせるかを常に考える生きた意志の探り合いであり、相手が「今のところは攻めても得にならない」と思う状態を言うのです。抑止力という実体が固定的にあるようなものではないのです。

1、抑止とは何なのか

†抑止を定義する

議論の前提として、関連する言葉を定義しておかなければなりません。そもそも戦争とは何か、抑止とは何か、それから、その裏返しにある平和というものをどう定義するかです。

戦争と抑止の定義

戦争という言葉は、貿易戦争とか、いろいろなかたちで使われます。抑止のほうも、犯罪の抑止ですとか、使われ方はさまざまです。本書のテーマの議論のためには、比較的狭い範囲での定義を示した方がいいように思います。

戦争というのは、国家の意思を強制する目的をもって武力を行使することです。もっとわかりやすく言えば、国家が暴力を使って他の国家に自分の意思を押し付ける行為です。それを戦争と定義します。

それに対して抑止、あるいは抑止力とはいったい何か。「こちらには対抗する力があることを示すことで、戦争したいという相手の意欲を抑え込む、抑圧すること」。これが抑止です。

つまり、力によって意思を強制するのが戦争だとすれば、それに対して「もっと強い力がこちらにはある」と相手を威嚇して、相手の力を使わせないようにする。これが戦争と抑止の関係です。

相手が暴力で目的を達成しようとするのに対抗する抑止には二通りのやり方があります。

一つは「拒否」というやり方です。相手が力づくで目的を達成しようするのに抵抗することで、易々とは目的を達成できないようにするやり方です。これを、「拒否」という言葉であらわします。これまで日本の防衛力は、拒否のための力、拒否力として性格づけられてきました。

もう一つ、相手の力づくの目的達成の企てに対して「もっと強い力でやり返す、それが怖ければ手を出すな」ということです。これは、相手の戦争行為に抵抗するというよりも、報復や懲罰をすることであり、その恐怖を与えることで戦争意志を抑圧しようとする。

言い換えると、拒否のほうは「これはあまり得をしないな」と相手に合理的に計算させて思い止まらせるやり方です。逆に、懲罰・報復のほうは相手に恐怖を与えることで戦争を思いとどまらせるというものです。

ちなみに、これまでの日本の防衛政策は、自衛隊は拒否力であって、抵抗はするが相手に脅威（恐怖）を与えないというものでした。つまり、専守防衛に徹するということです。しかしそれでは、相手がどうしても力で目的を達成しようとする場合には、延々と抵抗しなければなりません。そこで、米軍が相手に懲罰・報復を加えることで、相手との力の差を補おうとしてきたわけです。近年、新安保法制ができて自衛隊と米軍の行動が一体化するようになりましたが、それは、こうした日米の伝統的役割分担を変えています。それはまた、別の問題をはらむことになるのですが、その問題は別のところで考えるとして、定義の話を続けましょう。

戦勝の定義

戦争には結末がなければいけません。誰しも勝って終わりたいわけですが、では、「戦争に勝つ」とはどういうことなのか。

先ほど、国家の意志を暴力で相手に押し付けることが戦争だと定義しました。そうだとすると、こちらの意志を相手に押し付けたときに戦争の目的が達成されるわけですから、それが戦争に勝つ、ということになります。しかし、それにも二つのやり方があります。

一つは、文字通り、相手がこちらの意志を飲むことです。例えば、相手が譲歩する形で講和が成立するという状態です。

もう一つ、相手がどうしても拒絶したらどうするか。そのときは、拒絶する主体を排除してしまうやり方があります。つまり、相手の体制を打倒して占領統治するか、こちらの意に沿う政府を作るいわゆるレジームチェンジという結末です。相手に意志を押し付けるか、意志を変えない相手を排除するということで、かたちは違っても、戦争に勝つという定義に当てはまると思います。

しかし大事なことは、「戦勝は解決とは違う」ということです。「解決」とは何かというと、意志の対立がなくなる状態です。暴力で相手に意志を押し付けても、イヤイヤ押し付けられた状態ですから、それでは意志対立の火種はなくなったとは言えない。相手が納得して、リベンジする気が起きないような状態をつくらないと、問題が解決したとは言えないということです。

そのように、負けた側が受け入れるような秩序が築かれることが「解決」であるとするならば、やり方は戦争でなくてもいいわけです。相手が喜んで、こちらの言い分に従うような状態をつくるのであれば、暴力ではなく、別のやり方のほうがいい。

負けたほうが勝ったほうの秩序を受け入れて平和な状態になるような戦争を「善い戦争」と呼ぶことがある。そういうことにはほとんどならないのですが、アジア・太平洋戦争の結果、日本人がアメリカの秩序を受け入れて武装解除・民主化したケースは、まさにこれに当たります。この場合、原爆を含む暴力が使われたわけですが、占領以後の日本人の変わり身の早さを考えると、戦争に突き進んだ日本の国家体制・社会に対して日本人が本音では従いたくなかったことがわかります。戦争の暴力は、多くの被害をもたらしましたが、日本を絶滅したのではなく、国家体制という重しを破壊したのです。あとで述べますが、同じことをイラクでやろうとしたアメリカは、失敗しました。北朝鮮を相手に同じことをやろうとしても、多分できない。

平和の定義

定義の最後に、平和とは何か、を考えてみましょう。二〇一五年に成立した新安保法制について、政府与党は「平和安全法」と称しました。反対する野党は「戦争法」と批判していました。同じ法案を、一方は「平和法」と言い、他方は「戦争法」だと言っていた。

なぜそうなるのか。抑止力を強める――つまり、相手に勝る武力を誇示することによって相手の戦争の意志を抑えこむ、それが平和だという観点に立てば、「平和安全法」という評価になります。しかし、その手段は何かといったら、相手に対して武力で優位に立つということ、より強い戦争ができるようにするということですので、手段の面を見れば「戦争法」ということになる。つまり、同じコインの裏表という関係にあるということです。

結局、背景に国家間の対立があり、それを力で解決しようという思考が働くかぎり、戦争が起こらないという安心は得られない。抑止が働く結果、今は戦争にはなっていなくても、戦争の不安は続くのです。それが本当に求める平和なのかどうか、ということを考える必要があります。

本来の平和というのは、戦争の恐怖から解放された状態のことではないか。そのためにはこちらが譲歩して折れる、というのも一つのやり方だと思うのです。お互いに譲歩し、和解して、意思の対立そのものをなくしていく、そういう状態が本当の平和と言えるのではないか、ということを考えながら、議論を進めていきたいと思います。

†抑止はどういう場合に成り立つのか

次に、抑止はどういう場合に成り立ち、どういう場合に成り立たないのかという問題です。抑止力という固定した実体があるわけではないことを理解するためにも、抑止の条件を知っておくことが必要だと思います。

能力と意志のかけ算である

まず、抑止というのは、先ほど紹介したように、相手がやってきても抵抗する、あるいは倍返しにするという能力がなければ、問題にもなりません。あるいは、そういう能力があっても、それを実行する意志がなければ、やはり問題になりません。つまり、抑止というのは、相手が攻めてきたら対応する（拒否でも懲罰でも）能力があり、さらにその能力を使う意志がある。それを相手が同じように認識することが前提です。その結果、相手が恐れ入って手を出さないのが抑止という状態であって、そういうお互いの認識の相互作用によって抑止が成立することになります。

ただ、相手がそれを認識したときに、どう出てくるのかというのは別の問題です。相手の出方は二つあります。

一つは、抑止されたくないから、こちらの能力を上回る力を付けていかなければいけないと思うかもしれない。その場合にこちらが抑止しつづけようとしたら、相手の能力向上にあわせて、さらに強い力をこちらも持たなければいけない、ということになります。これが「安全保障のジレンマ」と呼ばれる状態で、お互いに軍拡競争のような形になって、こちらが力をつけた結果、以前よりも危険な状態になるわけです。

もう一つは、相手が「こんな強い力にはかなわない」ということで、妥協してくるということがあります。その妥協の仕方も二通りある。「これはもう仕方がないから、自分の望みそのものを放棄しよう」ということになるのか――たぶんならないと思います――、あるいは、武力で解決するようなやり方ではなく、別のやり方で目的を達成しようとしてくるということです。

ただ、いずれにしても、相手が妥協できるような範囲で相手の意志を抑え込まなければ、抑止というものは成り立たない。つまり、相手がどうしても我慢できないようなことを飲ませようとしても、どこかで我慢の限界に来て抑止が破綻するのではないか。つまり、抑止というのは、「やってきたらやり返すぞ」ということなのだけれども、あらゆることについてそれが通用するわけではなく、相手が我慢できる範囲でないと成立しないはずです。

たとえば台湾の独立という問題について、中国は武力を使ってでもこれを阻止して統一しようとするだろうと思われています。それを抑止するためにアメリカが軍事力をどんどん投入していった場合に、それで中国が引っ込むのかといったら、たぶん中国はあきらめない。中国にとっての台湾問題はそういう位置づけがある。武力で抑止しようとしてもできないものがある。そういう意味での抑止の限界を考える必要があると思います。

それは、相手のことですが、一方、こちらのほうも、相手に対して、相手の何を止めたいのかという意志が伝わらないと、そもそも抑止としての意味はない。その意味で、抑止とは意志の相互認識——コミュニケーションだと言えます。「戦争を始めたら、負かしてやる」というところが最低の認識ラインだとしても、では、どの程度のやり方をすればどの程度の反応が来るかは、わかりにくい。抑止の成立には、そこに共通理解がないといけない。そこが曖昧だと、そもそも〝抑止〟というものは成立しない。

しかし一方で、あまりにはっきりと明言すると、それも抑止にならない。相手に無条件降伏を迫るようなことをすると、相手も「それなら屈服しない」として、ことを構えてくることになりかねない。その場合、抑止ではなく、ただの挑発のようなことになってしまうわけです。曖昧さが必要だけれど、それは、ただ曖昧なのではなく、相手の逃げ道を残す幅があるという意味です。

抑止をめぐる政治と軍事

この問題と関連して現在、安全保障の、どちらかというとマニアックな世界で注目されていることがあるそうです。中国海軍の退役軍人の中には、「アメリカの空母を二隻を沈めれば、一万人が戦死する。そこでアメリカは意気消沈して継戦意欲がなくなる」と言う人がいるそうです。他方のアメリカ軍には、「パールハーバーで示したアメリカの魂を忘れるな」と言う人がいる。政府の公式見解ではなく、マニアックな軍人の発言なのですが、そういうお互いの「口喧嘩」がどう進んでいくのかという心配がないではない。政府の公式見解とは違うと言っても、軍人がそういう発言をしているうちに、お互い引くに引けない状況に追い込まれていくことがないとは言えません。

その時々の具体的な相互意志がわからないから、目に見える兵力量に頼ろうとする。抑止と言うのは、反撃の能力と意志の掛け算の認識ですから、能力で圧倒すれば意志がどうあれ抑止できると考えがちです。しかし、抑止が問題になるケースは、相手がほぼ同等に近い能力を持っている場合です。だから、抑止の成立にとって重要なことは。兵力量で表される能力比よりも、その時々の具体的な意志の認識です。そこに誤算が生まれる余地がある。

これだけやれば相手は我慢するはずだと思っても、相手は我慢しないかもしれないし、決定的に不利になる前に戦端を開こうとするかもしれない。昔の日本は、アメリカの石油禁輸措置を受けて、そう考えたわけです。相手の意志が読めないからこそ、そこまで対立を激化させない政治の知恵が必要になるのだと思います。

イランに関連してアメリカのトランプ大統領がいろいろ言っている。しかし、アメリカが何をしたいのか、何をイランにさせたいのか、その目標がわからない。イランの攻撃を抑止するとしてホルムズ海峡でタンカーを守る有志連合を主張し、サウジアラビアに軍隊を増派している。しかし、事の起こりは、イランが順守していた核合意からアメリカが一方的に離脱して制裁を強化したことにあるのですから、自分で喧嘩を売っておいて、相手の攻撃を抑止すると言ってもわけがわからない。

政治が対立を激化させておいて、軍隊に戦争を抑止させようにしても、それは無理です。戦争を避けるという点で、軍の失敗を政治がカバーすることはできますが、政治の失敗を軍がカバーすることはできないのです。今日のホルムズ海峡問題は、抑止に関する政治と軍事の関係、抑止において政治の意志がいかに重要かを示す教材だと思います。

抑止が成立しない領域

もう一つ考えておかなければいけないのは、今日の世界では、抑止が通用しない状況が生まれていることです。国家の意志を強制するための武力の使用という、伝統的な意味での戦争の論理が通用しない領域がある。

一つは、国際テロを起こす組織に対してです。なぜテロを抑止できないかというと、テロ集団が実現すべき意志、政治目的がはっきりしないからです。暴力そのものが目的になっているような状況があります。暴力以外に達成すべき目的を持たない集団の意志を変えることはできませんから、テロを防ぐためには集団を絶滅させる以外にない。しかし、そういう集団はネットで結ばれるような主体であって、実態もはっきりしない。何を絶滅させるかが見えない。暴力で絶滅させようとしても、その暴力を糧にして自己増殖するような主体でもある。そういう意味で、国家間の戦争の論理である抑止にはなじまないのです。

もう一つ、いま問題になっているのは、いわゆるグレーゾーンの領域です。戦争以前の手段をもって現状変更をすることに対して、軍隊による抑止は効かない。典型的なのは、中国が海警（正式には「中国人民武装警察部隊海警総隊」）という警察に所属する部隊を使って他国が実効支配する島や岩礁を乗っ取るようなことをしているわけですが、これも軍事力で抑止するということが実際にできていません。つまり、「相手が軍隊を出していないのに、こちらが軍隊を出して対抗する」というやり方は、やはり今の国際常識の中では禁じ手になってしまっている。それ以上に、今後、こういう場合も軍隊が出ることがルールになってしまうと、かえって軍隊を出す敷居が下がって危険な状態になっていく。現在、国際社会はそこまでの認識はないからグレーゾーンが問題とされているのですが、逆に、軍隊を出して戦争をしても、よけいに相互が納得する解決が難しくなる。いずれにせよ、現実の問題として抑止ができていない事象があるわけです。

さらにもう一つ、抑止が難しいのは、サイバー戦争という分野です。戦争は武力、暴力を使って意志を強制する行為だと定義した場合に、サイバー攻撃をどう位置づけるのかという問題がありま す。

サイバー攻撃と言いますが、それは直接破壊をしていないように見えるし、少なくとも殺傷はしていない。これが伝統的な武力行使の概念に当てはまるのでしょうか。アメリカはサイバー攻撃にも自衛権を発動すると言っているし、日本も防衛大臣が「状況によっては自衛権で反撃する場合もある」という言い方をしています。実際、いまの軍事システム、あるいは軍事の意志決定のプロセスもそうですが、サイバーに依存しています。そこが機能不全になってしまうと、こちらは抵抗できなくなる。ですから、サイバー攻撃によって情報が混乱した状況の中で、こちらの兵器システムが機能しなくなる恐怖に駆られて、すぐに反撃をしなければいけないという発想にならないとも限りません。相手に戦争の意志がなく、サイバー攻撃で嫌がらせをするつもりであっても、「見えない」という恐怖が引き金となって戦争に突入する危険が大きくなる。戦争も抑止も、意志の相互作用ですから、相手の意志を見えなくするサイバー攻撃は、最も危険です。

2、抑止の論理を実例で検証する

†ミサイル防衛ケース

日本の安全保障政策は抑止力、特に日米同盟の抑止力を中心に組み立てられています。それはどういう認識なのか、その論理を検証しておきたいと思います。

まず、ミサイル防衛のケースです。飛んでくるミサイルをすべて撃ち落とすことは不可能です。ミサイル防衛に一〇〇パーセント完璧なものはないという事実認識は共有できるでしょう。

二〇一七年二月一四日の衆議院予算委員会で安倍首相は、「北朝鮮がミサイルを発射したときにアメリカと一緒にミサイル防衛をするけれど、撃ち漏らした場合に報復するのはアメリカしかいない」と述べました。「だから、アメリカが確実に報復するということを北朝鮮が認識しないと冒険主義に走るかもしれない」という趣旨の答弁をしている。これは、「そこにイージス・アショアを置けば抑止力になるからミサイルが飛んでこない」という話と比べれば、遥かに抑止力の本質を理解した答弁だと思います。

三つの前提は確かなものなのか

ただ、この論理が成り立つためには、いくつかの前提があります。まず、「日本にミサイルが飛んできたらアメリカが必ず報復する」という前提です。もちろんアメリカは、日米安保条約によって日本防衛の義務を負っていますから、共同のミサイル防衛まではやると思います。しかし、どのような報復をするか、しないかは、その時になってみないとわからないと言うべきでしょう。まして、北朝鮮がアメリカに届く核搭載のＩＣＢＭを持った場合、アメリカの大統領が自国市民の犠牲を覚悟してまで日本のために報復しようと思うかどうかというと、わたしはしないほうに賭けたくなる。アメリカが報復するという前提には、そういう論理的な不確かさがあります。

二つ目の前提は、アメリカが確実に報復してくることを認識するがゆえに、北朝鮮が日本へのミサイル攻撃を思いとどまるだろうという前提です。しかし、それも一〇〇％確実とは言えない。アメリカの報復を予測したとしても、「どうせたいした規模にはならないから、自分たちは生き残れる。大丈夫だ」と考えるかもしれません。あるいは、報復されることを認識するが故に、「今こちらが先に攻撃しなければ、アメリカとの対抗上ジリ貧になっていくから、やらないよりやったほうがいい」という判断をする可能性もあります。一九四一年の日本はそういう判断をして、真珠湾攻撃をしたわけです。

真珠湾は、アメリカによる抑止の失敗例とも言われています。当時アメリカは、日本に対する資産凍結と石油の全面禁輸を打ち出していました。アメリカの意図は、それによってフランス領インドシナからの日本軍の撤退という結果を導き出そうとするものでした。ところが日本は、「このまま行ったらジリ貧になるから石油備蓄があるうちにアメリカを一撃しなければいけない。一撃すればアメリカは軟弱な国民だから交戦意志を失うだろう」という計算の上に真珠湾攻撃をしたのです。現在の北朝鮮はしたたかですから、たぶん同じことはやらないかもしれませんが、しかしそれを保証できるのかということです。ですから、この前提も論理的にはけっして確実なものではないということになる。

三つ目の前提です。先ほどの安倍首相の答弁のように、この論理は、「ミサイルを撃ち漏らす」すなわち、日本に着弾していることが前提になっています。そして、アメリカに対して日本が報復を要請するということは、戦争を継続するということを意味しています。日本国民が復讐の念に燃えて戦争の継続を望んでいる、ミサイルがさらに二発、三発と飛んできても、それを覚悟して戦争する世論状況になっているという前提です。

しかし、果たして日本の世論がそうなっていると、誰が保証できるのか。抑止というのは、こちらの戦争継続意志があって初めて成立するからです。どんな戦争でも、敵の奇襲的な第一撃から安全を守る手立てはありません。一発の攻撃で手をあげるのであれば、そもそも抑止など問題になりません。日本の世論がどう動くのか、それは、ミサイルの飛来に至る経緯、その時の状況によって左右されるでしょう。

このように見てくると、ミサイル攻撃↓日本への着弾↓アメリカの報復↓北朝鮮の自制という論理は、不確実なものだと言わざるを得ません。

さらに言えば、安倍首相が答弁で想定している状況とは、日本にはミサイルが落ちていることを前提とするわけですから、「抑止力があるから日本はミサイルから安心・安全です」という話ではない。すでに安全は脅かされており、着弾したミサイルによってもしかしたら国民の生命も奪われているかもしれないわけです。「抑止力があるから北朝鮮が来たら報復戦争をして北朝鮮を滅ぼす。それが怖いから北朝鮮を思いとどまらせる」というのが抑止の論理ですから。わたしはこれを、「抑止と安全のジレンマ」と呼びたいと思います。抑止の論理そのものが安全を前提としていないからです。

意志をなくせば脅威はゼロになる

では、ミサイルからの安全を一〇〇パーセント保証するにはどうしたらいいのか。先ほど抑止について「能力と意志の掛け算」と表現しました。しかし、そもそも抑止をしなければならない脅威そのものが、相手の能力と意志の掛け算で成り立つ概念ですから、相手が能力を持ち、こちらがそれを超える防御能力を持てないとすれば、相手の意志をなくさなければなりません。どんな能力があろうと、攻撃する意志がゼロなら掛け算の答えとして脅威はゼロです。

今、世界中に核兵器やミサイルを持つ国がいくつもありますが、インドやイスラエルの核兵器やミサイルを日本の脅威と感じることはありません。それは、ミサイルの射程の問題もありますが、何と言っても、これらの国が日本を攻撃する意志があるとは思わないからでしょう。しかし、北朝鮮については、日本の脅威だと思っている。

従来、意志はいつ変わるかわからないので、能力に着目して対抗措置（防衛力とその運用）を考えるというのが、防衛政策でした。だからどうしても相手のミサイルの性能やこちらの武器の性能・数量を重視することになる。しかし、「意志は変わる」と言っても、戦争の意志ですから、相手がいつでも戦争を望んでいる邪悪な（たとえば冷戦期のソ連をそのように認識していたように）国家である場合を除けば、戦争する動機がなければ、戦争を始める意志も生まれません。

では、北朝鮮が日本にミサイルを撃つ動機、すなわち戦争をしかける動機とは何か。北朝鮮と日本のあいだに現在、戦争で解決しなければならないような対立はありません。過去の植民地支配の清算も、拉致問題も、戦争ではなく国交正常化の前提となる課題です。

一方、北朝鮮は、朝鮮戦争以来アメリカと敵対しています。戦争の動機はそこにあります。すなわち、北朝鮮が日本にミサイルを撃ってくる動機が生じるのは、アメリカとの敵対の中で「日本にいる米軍が北朝鮮を滅ぼしに来るかもしれない」という恐怖から派生すると考えるのが自然な理解でしょう。

つまり、抑止力と称してアメリカの攻撃力がそこにあることによって、相手に先制攻撃のインセンティブを与えているという構図です。抑止するがゆえに防衛すべき事態を考えざるを得ないという「抑止と安全のジレンマ」が生まれるのだと思います。

もっとも、北朝鮮の国家目標が武力で南北を統一することだという認識を持てば、北朝鮮は戦争をしかけるタイミングを計っているだけの邪悪な存在ということになり、動機を問題にする余地はないのかもしれません。北朝鮮の体制が自国民に対して邪悪であることは疑いありませんが、自らの体制維持こそが至上の目標であって、進んで外に向けて戦争する余裕はないという認識のほうが一般的だと思います。

✝島嶼防衛ケース

次に島嶼防衛のケースの中で抑止力を考えてみましょう。

占拠された島を奪回することの難しさ

二〇一八年一二月に政府が決定した「防衛計画の大綱」の中に、「離島を守るためには海上・航空優勢を確保することが大事である」と書かれています。まさに離島ですから、当然のことを言っている。ところが続けて大綱には、「しかし、万が一、占拠された場合には、速やかにこれを奪回する」と書いてあるのです。

これは不思議な記述です。島が占拠されると言うことは、海上・航空優勢が失われた状態です。敵に海と空を支配された状態で、どうやって速やかに奪回するのか、という疑問が湧いてくるのです。おそらく長崎県の相浦にある陸上自衛隊の水陸機動団が決死の覚悟で行くのかもしれない。それは相当な犠牲を覚悟しなければいけない任務になりますが、これは、意気込みの問題としてはわかりますが、はたして作戦の現実性はあるのでしょうか。敵の優勢のスキをついて少数の部隊が上陸することはできるかもしれません。しかし、上陸しても、敵の反撃から持ちこたえることは難しそうです。

もっと大事なことは、なんとか占拠された島を取り返したとして、それで戦争が終わるのかということです。終わらないはずなのです。軍隊を使って島を奪いに来るほど相手が真剣ならば、取り返された島をもう一度取りに来る。島を取る・取り返すことを延々と繰り返すことになるか、または戦争をお互いの本土に拡大して決着させようとするかのいずれかになるはずです。現職の自衛官の人に「この議論をどう考えるのか」と聞いたら、「自分たちは奪回するけれど、あとは政治が講和に持ち込んでくれるという前提で考える」と言っていました。現場としては、そう言うしかないでしょう。

しかし、相手は島を取るという国家としての確固たる目的を持っているわけですから、一回取り返されたくらいで、自分に不利な条件の講和を受け入れるとは考えにくい。むしろ、何回も何回も取ったり取られたりしながら、お互いが「もうこの消耗には耐えきれない」という状況になったときに、「この辺で手を打とう」ということで講和が成立するのです。そこまで行かないと講和は成り立ちません。つまり、戦争は簡単には終わらないということです。

「防衛大綱」では、そういうところが考えられていない。「沖縄に海兵隊がいるから」とか、「陸上自衛隊が水陸両用戦機能を持つことが抑止力になって、島を取りにこないんだ」という程度の認識で終わっている。その根本のところが危うい。

さらに言えば、領土を奪うために軍隊を出すことは、国連憲章によって禁止されているので、相手もいきなり軍隊を出すようなことはしないはずです。よく言われるように、漁民の難破を装って上陸するとか、それを保護するためと称して海警の船が領海に入ってくるほうがあり得るシナリオです。それを海上保安庁では排除できない場合に、「自衛隊が海上警備行動で出ていく」とか「治安出動で出ていく」ことによって「シームレスに対応する」というのが政府の構想のようです。率直に言えば、わたしも現職の頃、自衛隊の出番はできるだけ早い方がいいと考えていました。

しかし、そこで自衛隊が出ていったらどうなるのか。これは相手にとって思う壺なのではないか。相手は、「我が国の漁民保護のための警察部隊に対して日本は軍隊を出してきた。こちらも軍隊を出さざるを得ない」という反応をしてくるに違いありません。だから、自衛隊をシームレスに出動させる態勢を持つことが抑止なのだと言われるけれど、それを本当にやってしまったら事態は本当の戦争に拡大していく危険があるのです。そこに抑止と拡大のジレンマがある。だから、むしろこのグレーゾーンに自衛隊を出したら、その時点で少なくとも政治的には負けということです。

アメリカの出動は抑止力になるか

それならば、「アメリカがやって来ることがわかれば抑止力になるだろう」という考え方はどうか。しかし、アメリカは一貫して、領有権がどちらにあるかはコミットしない立場です。アメリカにとって無人島の領有紛争に巻き込まれることは避けたい一方、中国が軍隊を出して同盟国の領域をあからさまに奪うことは放置できないというジレンマがあります。

また、海兵隊も、オスプレイで離島に移動する間は無防備ですから、海上・航空優勢が失われている場面で投入するのは、それなりの犠牲を覚悟しなければなりません。安保条約上の防衛義務はあっても、誰も住んでいない他国の無人の小島のために兵隊の命を失えるのか、疑問です。

それでも仮に米軍が出たとすれば、それは米中の戦争になります。今までは日中の領土を巡る小競り合いだったものが、米中の本格的な戦争になっていくのです。戦争を始めればお互いに引けないのですから、どこまで拡大するかわからない。そして、どんな規模であれ、戦争になれば前線基地である日本が戦場になる。米軍が出る態勢をとっていることが抑止になるというのでは、その抑止が崩れたときに、実際に米軍が出ていけば本格的な戦争に拡大し、単に島を守るという以上の防衛を迫られるということにならざるを得ない。それはまさに、抑止と拡大・抑止と安全のジレンマです。

もっとも、中国はアメリカとの戦争を本当は望んでいないので、むしろ米軍が出ると思わせておく方が抑止になる、という考え方もできます。しかし、それはこちらの思い込みかもしれません。中国自身が国家目標としての優先度が低いと考える場合には、あえて戦争の危険を冒すことはないとしても、中国が譲れないと考える目標であれば、戦争を辞さないと考えるほうが自然だと思います。あるいは、軍隊ではなく武装漁民や海警を前面に出して、戦争に拡大する危険が少ないやり方で目標を達成することも選択肢でしょう。

尖閣は、日中間に固有の紛争要因です。中国がどのようなやり方を選択するのか、そして、日本は軍隊が出てくることを抑止したいのか、海警の行動を抑止したいのか、そのさい、戦争への拡大をどの程度予測し、覚悟するのかというところに問題の本質があります。「米軍が出るから抑止できる」というところで思考停止しては、不意を突かれることになりかねません。

何より、米軍が出れば米中の戦争に拡大して日本が攻撃対象となることを予測しなければなりません。そうした戦争の展望が持てないのであれば、尖閣は政治的に解決する以外にないのだと思います。仮に尖閣をめぐる実力（軍隊であれ海警であれ）行使の状況になった場合、中国の本音がアメリカとの戦争を望まないところにあるとすれば、米軍の参戦を求めるのではなく、アメリカを仲介とした事態収拾を図る方が現実的ではないかと思うのです。

✝南シナ海ケースと台湾海峡ケース

次に南シナ海と台湾海峡のケースを考えてみます。

南シナ海で中国は抑止されているか

アメリカは、航行の自由作戦と銘打って、中国がつくった人工島の周りを軍艦で遊弋しています。それに対して中国海軍が妨害に入り、時には衝突すれすれまで接近するようなことをやっている。これを抑止の理論で説明できるのでしょうか。

「南シナ海で中国を抑止する」とは、中国が、軍隊であれ海警であれ、力づくの現状変更に及ぶことを抑止する意味と、人工島を中心に構築される南シナ海の軍事インフラを利用して他国船舶の安全を脅かすことを抑止する意味があると思います。しかし中国は、もうとっくの昔にベトナムやフィリピンから島を奪い、さらに、アメリカが軍事的に反応できないサラミ・スライスと呼ばれる小刻みな現状変更を繰り返し、人工島の建設と軍事化を完了しています。それをアメリカは止められなかったのです。また、これまでのところ、南シナ海でタンカーなどの民間船舶の航行が妨害される事件も発生していません。

航行の自由作戦は、中国の具体的な行為を抑止するというより、中国が南シナ海をわがもの顔に支配することを許さないという政治的意志を表しているのだと思います。しかしそれは、「何をしたら許さない」という具体的なメッセージではありません。「この一線を越えたら戦争も辞さない」というレッド・ラインがないのです。そういうやり方では、相手も何をしたらいけないのか、何を抑止されているのかがわからない。抑止とは、戦争する意志と能力を相互に認識するところに成り立つので、レッド・ラインがないということは、一般的な防衛意志の表明ではあっても、具体的な抑止の効果はありません。

他方、政治的意志の表明としては、相手の行動に応じて対応を変化させなければなりません。同じことを繰り返していては、それが当たり前の状況になっていくので、政治的効果が薄まっていくからです。トランプ政権になって、アメリカは、航行の自由作戦の回数を増やしています。こうした対応の変化は、相手の目には挑発と映ります。おそらく、中国も妨害の頻度を上げていくでしょう。相互のエスカレートが進めば、時に現場での予期しない衝突が起きる危険性もある。いま、南シナ海は、そういう軍事的プレゼンス合戦の舞台になっています。どこかでエスカレートを止めなければいけない。

台湾問題で中国を抑止することはできない

一九年に入って、アメリカは、航行の自由作戦を台湾海峡にも拡大しています。毎月一回軍艦を通過させています。南シナ海であれば、中国がつくった人工島は、国際的には領土として認められないもので、あえてそれをアピールするために軍艦を出すという動機は理解できなくもない。一方、台湾海峡は、政治的にはともかく軍事的な緊張があるわけでもなく、領土紛争があるわけでもない。これは、中国から見れば、嫌がらせ以外の何ものでもなく、中米両国の軍艦同士の予期せぬ衝突をきっかけに、米中戦争が始まるのではないかと危惧する向きもあるのです。

仮に、将来これがきっかけで米中の軍事衝突が起きたとすれば、後世の人は「あの時にトランプ政権がやっていた作戦は、中国を抑止することを狙ったのかもしれないが、明らかに抑止としては失敗だった」と評価することになるでしょう。

ではアメリカは何のためにそんなことをしているのでしょうか。「何かあったらアメリカは放っておかないぞ」という意志を伝えたいのかもしれません。しかし、すでに述べたように、台湾問題は中国にとっても絶対に譲れない国土の統一という核心的利益の中のいちばんコアな部分ですから、そもそも中国の意志を武力で変更させることはできないのです。ですから、台湾海峡に軍艦を出すことによって、アメリカは何を抑止したいのか、あるいは、危機を作り出すことによって何を求めているのかがわからない。

中国に、「軍事力は使いません」と言わせたいのか。中国は絶対に言いません。では、台湾を統一する意思を放棄させたいのか。それも絶対にあり得ません。つまり、「抑止という意味でも、力による強制外交という意味でも、アメリカは成功の見込みのないやり方をしている。

共にあれば巻き込まれ、共にしないと見捨てられる

台湾・南シナ海のケースは、日本にとっても他人事ではありません。

一五年のガイドライン改定と新安保法制では、日米共同の抑止に重点が置かれています。海上自衛隊は、航行の自由作戦に参加していませんが、南シナ海での共同訓練や沿岸国への寄港によってプレゼンスを高めています。新安保法制で可能となった米艦防護の任務も、南シナ海や台湾海峡で実施されているかどうか政府は公表しませんが、一七年に二回、一八年に一六回実施されています。

安倍首相は、一八年一月の施政方針演説の中で、米艦防護の実施によって「同盟はかつてなく強固になった」と述べていますが、米艦防護の任務をもって米軍と共同行動する自衛隊は、米艦が襲わ

れたときに武器を使ってこれを守らなければならないのですから、不意の軍事衝突に巻き込まれる危険も「かつてなく強固」になる。アメリカが軍事的な緊張状態にある中で行動を共にしなければ、いざというときに日本が見捨てられるという心配がある一方、行動を共にすればアメリカの戦争に巻き込まれる心配が高まる。これが「同盟のジレンマ」です。

南シナ海や台湾で米中が衝突し、本格的な戦争になれば、日本も無傷ではいられません。米軍の拠点となる基地が集中する日本（特に沖縄）が中国のミサイル攻撃の優先目標となるのは、戦争の常識です。また、いずれの地域の戦争であっても、中国にとっては本土の目の前、アメリカにとっては太平洋を隔てた遠方の戦争です。どちらが必死に戦う動機があるかと言えば、それは中国のほうでしょう。軍事力の拠点は中国本土と日本ですから、お互いに相手の拠点を叩くような戦い方が想定されます。

そのような戦争を避けるためにも抑止力を強化するということかもしれません。しかし、南シナ海における対立の本質は、米中の海洋覇権をめぐる争いです。沿岸国にとっては領土に関する主権の問題でも、米中両大国の動機は南シナ海の支配です。一方、台湾問題は、中国にとっては領土の一体性をめぐる主権の問題である一方、台湾にとっては国としての独立の問題、アメリカにとっては、自由な政治体制の選択を保証するという秩序維持の問題です。少なくとも日本にとってはいずれも、主権や独立の問題ではない。こうした対立の構図の中で、日本がいかなる立場で臨むのかが問われています。

日米共同で軍事的プレゼンスを高め、状況によっては米艦も防護するという姿勢は、アメリカの秩序・覇権に与することを意味します。それで抑止力は高まるのかもしれませんが、抑止が破たんして戦争になれば、日本が否応なく巻き込まれることになる。それればかりではなく、日本が戦争の当事者になるわけで、アジア各国と協力して米中を仲介して事態の収拾を図る余地もなくしてしまいます。そこに、抑止一辺倒で臨む場合のジレンマがあります。

†ホルムズ海峡ケース

最後にホルムズ海峡のケースです。

アメリカは、ペルシャ湾・ホルムズ海峡でタンカーがミサイル攻撃される事件が多発していることを受けて、各国に、タンカー護衛の有志連合を呼びかけています。海軍を出せば、タンカーへの攻撃が抑止できるのでしょうか。海賊なら抑止できるかもしれません。しかし、海軍も、すべてのタンカーを直接護衛するわけにはいかないし、直衛しても遠方からミサイルやドローンを使って攻撃することを防げません。海軍の派遣が抑止として機能するためには、タンカーを攻撃すれば関係国から軍事的な報復を受けるという認識を持たせなければなりません。つまり、イランを軍事的に封じ込めて圧力をかけるということです。しかし、各国とも、そこまでの覚悟があるとは思えない。日本は、二〇年初め、海上自衛隊の護衛艦をペルシャ湾・ホルムズ海峡の外の海域に派遣しました。任務は、調査研究だそうです。つまり、タンカー護衛の任務はない。では何のために出すかと言えば、アメリカ主導の有志連合に参加すればイランとの明確な敵対関係を示すことになって仲介外交の余地がなくなることを恐れる一方、アメリカの要請に何も答えないわけにはいかない……つまり、アメリカへの義理立てということでしょう。そのような政治的辻褄合わせのために自衛隊を出すこと自体、おかしなことだと思いますが、同時に、タンカーを守れないという意味で、全く役に立ちません。

仮に自衛隊がタンカーを守るとすれば、二つのやり方がある。海上警備行動または自衛権行使です。海上警備行動の場合、犯罪の制止を目的とする警察行動ですから、攻撃してくる相手をむやみに叩くわけにはいかない。まして、アメリカが主張するようにイランという国家がタンカー攻撃に関与しているとすれば、日本の国内法に基づく警察行動で相手を強制することはできません。国家は、国際法上の犯罪である海賊とは違うのです。国家を相手にタンカーを守るのであれば、自衛権による対応、つまり、自衛戦争として反撃しなければなりません。一方、日本は、タンカー攻撃の主体が誰なのかを明確にしていませんし、イランとの戦争状態に入ることを望みません。

結局、調査研究や海上警備行動では軍事的に対応できないし、自衛権行使は政治が選択できないということなので、自衛隊を出しても何も解決しないのです。

そもそも問題の発端は、トランプ政権のアメリカが、イランが順守してきた核合意から一方的に離脱し、イランへの制裁を強化したことです。制裁をするけれど、イランに何をやらせたいのか、核開発能力の放棄なのか、サウジアラビアを攻撃する武装組織と縁を切ることなのか、よくわからない。相手も、どこで妥協したらいいのかがわからない。これでは、抑止も強制外交も成り立ちません。その混迷した緊張状態の中でタンカーが攻撃される事件が発生しているのですから、まず、問題の根源であるアメリカの姿勢を変えなければ問題の解決はないと思います。

解決の展望がないままに自衛隊を出すことには賛成できません。軍事力というものは、それで解決しなければさらに強硬な手段として使われるエスカレートの性質を持っているからです。

3、抑止が成立する条件

†「同盟の抑止力」という成功体験を疑う

日本は同盟の抑止力に立脚して自国の安全を守る政策をとって来ました。抑止という政策には、これまで見てきたように、抑止が破たんした場合に戦争に巻き込まれたり、抑止と思って行動したことがかえって相手の攻撃を誘発したりするジレンマがあります。抑止と安全とは、必ずしも両立しないということです。

しかし日本は、戦後長きにわたって戦争の被害に遭うこととはなかった。米ソを中心とする社会主義と自由主義が対峙する厳しい対立構造の中で、最前線に位置する日本も欧州も、ソ連から侵攻されなかった。同盟の抑止力は機能してきたとも言えます。それは、我々にとって大きな成功体験でした。その経験を通じて、アメリカとの同盟に依存すれば戦争を免れるという観念が根付くことは当然かもしれません。

米ソ冷戦時代とは背景が異なっている

でもそれは、米ソ冷戦という特殊な背景の中で培われた成功体験です。考えなければならないことは、そういう背景が今日どうなっているのかということです。今日の相手は、ソ連ではなく、中国や北朝鮮といった国家であり、あるいは国際テロ組織という非国家主体です。ソ連と中国・北朝鮮は、独裁体制という意味で共通していますが、ソ連は社会主義を信奉し、独自の経済システムと経済圏を持っていました。今日の中国は、国家的統制のもとで資本主義的に発展しようとしています。北朝鮮も、外部との交易なしには経済的に成り立ちません。

資本と技術は国境を越えて広がっています。世界は単一の市場となり、国家間の経済的相互依存は歴史上類を見ないほどに深まっていますが、その最大の特徴は、貿易というモノのやり取りではなく、資本と技術という資本主義経済の血液と神経というべき部分でボーダーレス化が進んでいるところにあると思います。

そういう世界ですから、戦争で相手国のインフラを破壊すれば、自ら投資した資産を損なうことになる。また、モノや情報の流通が阻害され、経済システムがマヒすれば、自国の経済が成り立たない。金融はリスクから逃れようとパニックになる。

「経済的相互依存が戦争を防ぐ」などと、単純なことを言うつもりはありません。経済的な損失を伴ってもなお戦争に訴えるような対立もあり得るからです。では、それは一体どのような対立要因なのか。

冷戦の時代には、それは明確でした。ソ連は世界を社会主義に変えるというイデオロギーを持ち、アメリカは政治的・経済的自由主義の旗頭でした。経済と統治のシステムをめぐるイデオロギーの対立は、原理的に非妥協的であり、互いに相手の存在を否定するものでした。しかし、戦争によっては、言い換えれば、相手を滅ぼすことによっては、その対立を解決できない。なぜなら、米ソともに相手を滅亡させるのに十分な核を保有しており、戦争となれば、やがて核が使われ、相手を滅ぼすことができても自分も滅びることが確実に予見できたからです。お互いが核の能力を認識するだけではなく、それを使う意志があることを認識していた。抑止とは、報復の能力と意志の相互認識ですから、この状態はまさに抑止であったと言うことができます。

共産主義対自由主義のイデオロギー対立は、自分が滅びるリスクを負っても相手を打倒することを優先する、それくらい強固な対立であったのだと思います。核は、使われる兵器であると認識されたがゆえに、抑止の中核的手段となり得た。

米中対立を「新冷戦」と呼ぶことの問題点

今日の米中を考えると、貿易や技術、さらに国内統治の問題をめぐって相互に言い分を変えずに対立しています。南シナ海や台湾海峡では、先に述べたようにアメリカが軍艦を派遣して軍事的な緊張もあります。しかし、このまま戦争に向かうとは誰も思っていない。これは一体どういう状況なのでしょうか。実はここに、冷戦時代の米ソとは違う米中関係の特徴があるように思われてなりません。

今日の米中の対立を「新冷戦」と呼ぶことがありますが、どうも冷戦とは違う。冷戦というのは、戦争になってもおかしくない非妥協的対立にもかかわらず、核による相互抑止によって熱い戦争とはならなかった状況です。今日の米中は、国際的公平性や国内統治のやり方が違うために、妥協の共通基準が見いだせないわけですが、「核の応酬によって自分が滅びるリスクを負っても相手を打倒する」ような対立ではない。なぜかと言えば、米中ともに、相手を自分の統治システムによって支配しようと考えているわけではないからです。どちらかと言えば、中国の振る舞いについてアメリカが一方的に文句を言い、中国はそれに応じることなくやりたいようにやっているという構図です。

米中戦争の危険を指摘する「ツキディデスの罠」という見方があります。古代ギリシァのツキディデスは、戦争の要因を「富と名誉をめぐる対立と恐怖」と描きました。今世界は米中の覇権交代の時期にあり、勃興する挑戦国に覇権を奪われる恐怖が戦争要因になるという考え方です。この場合、戦争の動機は覇権国であるアメリカにある。待っていれば挑戦国の力はより強くなるわけですから、戦争でつぶすなら早い方がいいことになる。

最近中国に対するアメリカの見方が厳しくなっているのは、経済規模のみならずハイテク技術で追いつき追い越される覇権国としての恐怖の表れと見ることができます。そこで今日、アメリカは中国に対して貿易やＩＴ技術移転に関する強硬姿勢をとっています。これは、経済的不利益によって相手の意志をコントロールする強制外交です。暴力や暴力の脅しによって意志を変える戦争ではないし、戦争の要因となるわけでもない。

なぜかと言えば、お互いに市場経済を前提とした競争の中で自分優位のルールを飲ませようとする争いだからです。戦争で相手を滅ぼしてしまえば「ルールを飲ませる」という目的を達成できないからです。

不確実性の抑止は成り立つか

もう一つ、抑止戦略に立脚しながら冷戦との違いを踏まえて戦略を修正する考え方があります。それは、冷戦時代には核につながる拡大が確実であったがゆえに戦争が抑止されていたけれども、今日、核の応酬に拡大する確実性はない。しかしそのことが、戦争となった場合にどこまで拡大するかわからない恐怖を生み、それが抑止になっているという見方です。「拡大の不確実性による抑止」と言うべき考え方です。

確かに、トランプ政権の下でアメリカは、何をしでかすかわからないと評価されています。それがかえって抑止になるという、半ば冗談のような主張をする向きもある。しかし、軍艦を出しても巡航ミサイルを気まぐれに撃ちこんでも、中国の南シナ海での活動を止められないし、シリア政府による反体制派への非人道的な弾圧を止められていません。

拡大の不確実性は、実は、抑止とは結び付かないものだと思います。「こういうことをしたらアメリカの反撃が確実だ」と思わせることが抑止です。「アメリカが何をするかわからない」というのは、裏を返せば、相手は、「何をしてはいけないのかがわからない」ことであって、抑止すべき行為が決まらない。少なくとも抑止の信憑性は失われ、「ここまでならいいのではないか」という思惑による誤算の余地も広がって、世界はより不安定化して行く。不安定化が抑止戦略の目的というのであれば、もはや戦略とは呼べないでしょう。

世界は今、このような状況です。同盟の抑止力の不確実性は増大しています。冷戦を無事にくぐり抜けた「同盟の抑止力」という成功体験を、疑ってみなければならない理由がそこにあります。

✝米国はなぜ戦争に慎重なのか?

二〇〇三年のイラク戦争を考えると、世界中で一〇〇〇万を超える反戦デモがあったけれど、アメリカを止めることはできませんでした。サダム・フセインは、アメリカを抑止しようと考え、大量破壊兵器を持っているふりをしたのですが、結果は滅ぼされてしまいました。では仮に、本当にアメリカに届く核をサダム・フセインのイラクが持っていたら、アメリカを抑止できたのでしょうか。アメリカは、そうなる前にイラクを叩くことが必要と考えた。イラク戦争は、そういう意味で、アメリカによる先制攻撃でした。

一方、今日、アメリカを脅かす核を持ったかもしれない北朝鮮に対して、アメリカは戦争ではなく交渉で問題を解決しようとしています。これは、アメリカが抑止されているからでしょうか。しかし、アメリカと北朝鮮の間には圧倒的な力の差がありますから、アメリカがその気になれば、北朝鮮を滅ぼすことはたやすいことでしょう。つまり、抑止されているとは言い難い。

　抑止というのは力の優劣を背景にしてますから、論理的に言うとアメリカを抑止することは誰にもできません。つまり、報復する恐怖をアメリカに与えることにより、アメリカに戦争を思いとどまらせる力は、どの国も持っていません。それなら、抑止されないアメリカが世界中で戦争をしかけているかというと、そうでもありません。それは、「戦争が起きないのは抑止力があるから」という論理に背反する事実ですから、やはり戦争が起こらない理由を、抑止だけで説明するのは無理があることを意味しています。

アメリカが戦争できない理由

では、アメリカはなぜ戦争ができないのか。そこには、いくつか理由があります。

　戦争を決断するには、まず勝利の見通しが必要です。力に勝るということは、勝利のための一つの条件です。しかし、何をもって「勝利」と言うのか。イラクでアメリカは、サダム・フセインの体制を打倒するという意味で勝利しました。しかし、大量破壊兵器の武装解除という戦争の目的については、もともとイラクになかったわけで、目的の達成は無理だったのです。アメリカの隠された戦争目的は、サダムの独裁体制を倒してイラクを民主化し、中東を安定させることでしたが、その意味ではむしろ敗北しています。

二つ目に、戦争となれば敵も当然抵抗し、報復するわけですから、それによる味方の損害が受け入れ可能な範囲にとどまる見通しが必要です。イラクでは、大量破壊兵器が使われる前提で侵攻する部隊に防護の手立てを準備していました。それで味方の損害を最小限にとどめられると考えたわけです。一方北朝鮮であれば、韓国のソウルを攻撃する能力を持っているので、被害は前線だけにとどまらず、銃後の民間にも及ぶわけです。外征軍である米軍は、兵士や居留する自国民の被害を考えればいいわけですが、同盟国の首都に被害が及ぶとなれば、それが受け入れ可能とは言えなくなります。

三つ目の条件は、戦争に勝った後、以前よりもはるかに安定した平和が訪れるという見通しがあることです。戦闘で敵を打ち破り、政府を排除して占領しても、その後の秩序が保たれなければ戦争は終わりません。戦争は破壊が目的ではなく、勝者に都合の良い秩序を作ることが目的だからです。イラクでは失敗しました。北朝鮮でも、政権を排除した後の統治や秩序の見通しは立たないはずです。

北朝鮮について、一時、核施設への限定的空爆（サージカル・ストライク）や指導者の暗殺を狙った「斬首作戦」が取りざたされたことがありました。アメリカの能力をもってすればそれは不可能ではない。しかし、戦争は最も錯誤に満ちた事業だというクラウゼヴィッツの教訓を引くまでもなく、作戦に成功した後の北朝鮮の出方や国内の混乱が読めない限り、こうした作戦は実行できません。作戦目的を達成する意味で戦争に勝っても、問題解決にはならないことを知っているからです。そうでなければ、イラク、アフガニスタンで八〇〇〇人の兵士を失って、何の教訓を得たのかという非難を免れません。

戦争にならない理由を抑止で説明できない

だから、アメリカは戦争に慎重になる。遠くからミサイルやドローンを使って攻撃する程度のことは日常的にやれるとしても、本格的な侵攻作戦については、世界のどこでもやろうとは思っていない。空爆程度で、強固な統治が保たれている国家が音を上げることはありません。戦争とは、相手の意志を変えるまでに強固に、それでも意志を変えない相手を排除する覚悟がなければ勝利できず、勝利しても目的を達成できるとは限らないのです。

トランプ大統領は一九年二月の一般教書演説の中で「偉大な国は終わらない戦争はしない」と言っています。しかし、今や、終わる戦争というものがあるのでしょうか。

そういう今日の時代にあって、アメリカが抑止されることはなくても、戦争に内在する不確実性とコストそのものが、アメリカをして戦争という手段を使うことをためらわせている。それを抑止と呼ぶこともできるでしょうが、概念の混乱を避けるために「報復の恐怖」を本質とする抑止とはまた別の論理で説明されなければいけないと思います。

「最強のアメリカが抑止されるか」を考えるのは、突飛に見えるかもしれません。抑止は、ソ連封じ込め（ソ連撃滅ではなく）を前提としたアメリカ側の戦略思想だったからです。アメリカもまた抑止されるとすれば、アメリカと対立する国は、ミサイルや核の開発にさらに熱心になるはずです。また、抑止が相互に効いていると両者が認識すれば、戦争になりにくいわけですから、それを否定する必要もないように思えます。しかし、抑止は力の概念ですから、アメリカを滅ぼすことができる核能力によって完全な抑止関係を目指すか、「せめて一太刀」という弱者の脅しの力をつけるかは別として、相互の軍拡競争が避けられません。

一方、抑止以外にもアメリカの戦争を制約する要因があるならば、ましてアメリカ以外の国は、その要因によっていっそう制約されるはずです。その要因に気づいたとき、アメリカに対抗する核開発とアメリカの軍拡という悪循環を断ち切る道筋も見えるのではないか。そんな思いで、頭の体操をしているわけです。

✝抑止は永久不滅のキーワードではない

わたしたちは安全保障の考え方として抑止以外に聞いたことがないので、それをあたかも永久不滅の安全保障の原理みたいに認識しています。しかし、歴史を振り返ると、抑止が安全保障の中核的概念になっている時代がずっと続いてきたわけではないと思うのです。

抑止は米ソ冷戦時代に固有の概念である

戦争の歴史を振り返ると、敵味方が同じやり方の戦争をしている背景には、一種のマインド・セットが共有されていたと考えられます。時代精神と呼ばれるものです。今日では、国際テロと国家のようにかみ合わない戦争もあるわけですが、いずれにせよ、抑止という概念も、それを成立させる敵味方の共通の時代精神があったと考えられます。

二〇世紀前半の二つの世界大戦の時代は、国家間の対立を解消するいちばん有力な手段は戦争である、という時代精神が共有されていました。第一次大戦のあとから戦争違法化への動きは出て来るけれど、一九世紀以来そういう時代精神が続いていました。この時代は、戦争は政治目的達成の手段であり、国家間の対立解消の手段であった。だから、軍隊はまさに戦争をするため、そして戦争に勝つために存在した。それは相手の殲滅に至る力の追求をもたらし、その果てに核兵器が登場してくるのです。

第二次大戦が終わって冷戦の時代になる。アメリカもソ連も核兵器を持って対峙する時代になると、「核の撃ち合いをすればお互いに滅んでしまう」という相互確証破壊の認識を共有することになります。その時代には、軍隊は何のためにあるか、あるいは核兵器を何のために持つかというと、

「抑止するため」となる。つまり、「使うためではなく、使わないようにするために、軍隊がいて核兵器がある」という論理が生まれる。その論理で軍隊と核の増強を正当化してきた。それが冷戦の時代だったのです。抑止という概念そのものは昔からあったにしても、抑止の論理が「核抑止を中心にした抑止」という考え方として発展してきたのが、まさにこの冷戦の時代でした。

その後、冷戦が終わってソ連が崩壊します。そうすると世界各地で内戦が起きて、人道危機も叫ばれるようになる。そこで再び「やはり軍隊を使わないとだめだ」という時代が復活したように見えます。しかし、それはかつてのように国家意志を強制するための戦争ではなく、秩序を維持し、人道危機という犯罪を制止するための警察的な役割と位置づけられました。

そして現在、パワーシフトの時代を迎えています。米中の覇権の抗争がある。そこで軍隊をどのように使っているかというと、アメリカは航行の自由作戦と称する示威行動をやっています。しかし一方で、戦争をしないように、中国海軍が乱暴なことをやってきても耐えて、それ以上拡大しないような形で行動をしている。ペルシャ湾に空母を出すのも。実際に戦争するというプランがないまま、政治的な影響力のために、あるいは政治的な示威のために軍隊を出しているのです。政治的なシグナルとして軍隊を使う、これが今日のトレンドになっているようです。

「名誉」が戦争の要因として残された時代だから

今の時代はいったいどういう時代と言うべきか。ツキディデスは「富と名誉と恐怖」が戦争の要因だと言いましたが、経済が世界的に統合されている中で、「富」のための戦争があるとは思えない。戦争よりも交渉と取引のほうがよほど安上がりで確実だからです。

今日の時代には、「名誉」が戦争の要因として残されているのだと思います。覇権国のアメリカにとっては「アメリカを再び偉大な国にする」という名誉でしょうし、中国にしてみれば「大中華の復興」という名誉がかかっています。どちらも自己承認願望を前面に打ち出しています。そういう自国第一主義の対立があり、そこでお互いが恐怖を持つことによって、どこかで戦争につながりかねないという状況がある。一方、戦争というリスキーな大事業をしようとすれば、勝利の展望、損害の見積もり、そして戦勝を実現した後の世界がどうなるかを展望しなければなりません。国家が合理的に判断する限り、ほとんどの場合に戦争という答えは出ないだろうと思います。

もともと抑止というのは、戦争に勝つ見通しに関わる概念です。「負けるような戦争はしないだろう」という認識の上に抑止がある。しかし、名誉の対立は戦争では解決しません。また、名誉を譲れば自己否定になりますから、名誉の欲求を力で抑圧すれば、どこかで無理が来て抑止が破たんする。

戦争が国家間の対立を解決する手段ではなくなりつつある時代に、戦争を前提にした抑止が安全保障の中心概念であり続けるはずはない。では、何をもって安全保障政策を構築していくのか、そういう課題に世界は直面しているのではないか。だから、戦争するつもりがないまま軍隊を政治的示威の手段に使うような、危なっかしい状況が生まれている。それがわたしの率直な感想です。

しからば、抑止に替わる戦略のコア概念とは何なのでしょうか。抑止とは、戦争を防ぐための理屈です。戦争が暴力による国家意志の実現を目的としているのであれば、その戦争の本質の中に、戦争を避ける道筋があると思います。それは、暴力以外の手段によって国家意志を実現すること、そして、受け入れない相手を滅ぼすのが戦争だとすると、相手が受け入れられる程度に国家目的を切り下げることができれば、戦争を避けることが可能なはずです。

平たく言えば、妥協か戦争かという選択の問題です。妥協は自尊心を傷つける。一方、戦争は、人の生命を傷つける。今日、感情を抜きに考えれば、人の命を奪ってまで一方的に勝たなければならないほどの問題があるのか。大国が自国第一主義に走る承認願望の時代であるからこそ、その問いかけが必要なのではないでしょうか。

おわりに――居心地よい同盟の時代は終わった

一九年五月に訪日したトランプ大統領は、自衛隊のヘリ空母「かが」に乗艦して、「日本は米国製F35の最大の購入国となり、地域紛争にも対応できる」と述べ、安倍首相も日米同盟が強固であることを誇示しました。一方、六月、トランプは、「日米同盟の片務性」について不満を持ち、同月のサミットで訪問した大阪で、安倍首相にも伝えていることを明らかにしています。

思えば、「アメリカは日本を守るが日本はアメリカを守らない」という日米安保体制の片務性は、一九五二年の対日講和と同時に結んだ旧安保条約から続いていることです。当時、アメリカは、日本をアジアにおける反共の防波堤とする一方、日本軍国主義の復活を阻止するため、日本の武装解除と基地の使用をセットにして日本の独立を回復したので、日本に軍事的役割を求めることはない「片務的な」安保体制が作られました。六〇年の安保改定では、日本によるアメリカへの基地提供とアメリカの日本防衛義務が明記されます。

日本は、軍事的負担を軽くして経済復興に専念し、やがて高度成長を経て経済大国になります。ベトナム戦争を経てアメリカの経済一強体制が揺らぐと、「思いやり予算」で駐留経費を日本が負担する枠組みが作られました。冷戦が終わりソ連という共通の敵が消滅すると、北朝鮮の核開発を機に極東の不安定化が明らかになり、アメリカによる地域安定に日本も協力することが求められました。日本は、自衛隊による米軍への後方支援ができる枠組みを作ってこれに答え、やがてその枠組みは自衛隊のイラク派遣につながっていくことになります。イラク派遣では、地上に部隊を出す「ブーツ・オン・ザ・グラウンド」によって、「日米同盟はかつてなく良好」と言われるようになります。そして今日、中国の軍事的台頭に対しては、集団的自衛権を容認し、米艦を護衛する新安保法制によって自衛隊と米軍との一体化が進められています。

このように、日米同盟は、国際状況と日米の国力の変化に合わせて調整を重ねてきました。当初の「片務性モデル」は「思いやり予算モデル」へ、さらに「後方支援モデル」から「一体化モデル」へ、それぞれの役割を再定義することでお互いに居心地の良い同盟を維持してきたと言うことができます。

しかし、トランプはこれに不満だと言う。それは、単なる勘違いなのか、あるいは日本にもっとやらせよう・買わせようというトランプ一流の交渉術なのかはわかりませんが、少なくともトランプのアメリカは、居心地がいいとは思っていない。果たして「日米同盟はかつてなく強固」なのだろうかという疑問を持たざるを得ません。

イラク戦争に際してアメリカは、「同盟が任務を決めるのではなく任務が同盟を決める有志連合」を主張しました。「アメリカが何をしようと、ついてくる国が味方で、そうでない国は味方ではない」ということです。これは、アメリカが自由世界のリーダーとして同盟国を守るという同盟関係ではありません。トランプのアメリカが自国第一主義に傾斜する中で、この傾向は続くと思います。

それが気まぐれな大統領による一時的逸脱ではなく、世界の構造変化によるのだとしたら、これまでのようなモデル・チェンジによって居心地よい同盟関係を続けることは不可能です。アメリカにとっては、世界が思うようにはならない居心地の悪さがあり、日本にとっては、アメリカと軍事的に一体化することでアメリカの戦争に巻き込まれるという居心地の悪さがある。

これまで日本は、アメリカにつくか、ソ連・中国につくか、それとも自前の核武装をして自立するかという三択を自ら設定し、アメリカにつくしかないという結論を出してきました。その背景には、アメリカが自由と民主主義という価値観を守る普遍的な道義を信奉し、同盟の抑止力によって確実に守られるという成功体験があった。今、アメリカを含む大国が道義よりも自国の利益を優先する時代ですから、日本は、第四の選択肢を持たなければならないと思います。それは、力づくでは大国にかなわないけれど、他国の抑止に頼るのではなく、アメリカとも中国とも上手に付き合って対立のタネを減らしていく、賢くしたたかな生き方を模索することだと思います。

II

抑止、拡大抑止とその将来

加藤 朗

最初に「抑止とは何か」、次に「拡大抑止とは何か」について、少し理論的に述べます。そのうえで後半では、日本の拡大抑止が今どのような状況にあるのか、今後日本はどのような安全保障政策をとるべきか、そして最後にＩＣＴ（Information and Communication Technology: 情報通信技術）やＡＩ（Artificial Intelligence）技術を踏まえて、抑止の将来について議論を展開していきたいと思います。

1、抑止の定義

「そもそも抑止とはいったい何なのか」。一般的には「相手の行動を抑えとどめる、思いとどまらせること」などの定義があります。

もっと簡単に言うと、抑止とは人と人との相互作用の一種です。わたしたちの社会はすべて人と人との相互作用で成り立っています。男と女の関係、親と子の関係。いずれにしろ一対のもの――人であれ、物であれ、何であれ、対立と協調、斥力と引力など作用と反作用の相互作用の関係ですべてが成り立っているというのが、自然や社会における物事の考え方の基本です。

「物と物との相互作用」を真っ先に法則化したのは近代物理学の祖ニュートンです。相互作用の概念は化学、生物学などの自然科学へと発展していきます。相互作用の概念を「人と人との相互作用」に適用、発展したのが文学、哲学や心理学、政治学、社会学などの人文・社会科学です。物と物との関係であれ、人と人との関係であれ、人間の思考の基本は、結局のところ相互作用に帰着します。

相互作用の考え方は、国家と国家の関係を考察する国際政治学にも当てはまります。国家間の関係には、つきつめれば「対立」と「協調」というたった二つの関係しかありません。対立するか、協調するか、そのあいだでバランスをとるか。抑止というのは、そうした国家間の関係の相互作用の一種です。相手が何かしようとするのを、何らかの手段で思いとどまらせるという行為であり、相手に与える作用です。

ところで世界は、二つの要素で成り立っています。それは、いわゆる事物と言われる「コト」と「モノ」です。

コトとは主観的、無形的な抽象です。したがってコトは認識の問題です。他方モノとは客観的、有形的な具象です。モノは存在の問題です。世界はこのコトとモノからなり、認識と存在の結節点にいるのがヒトです。

相互作用の視点から抑止を定義すれば、抑止とはコトとモノを介した情報の相互作用です。たとえば我の核兵器というモノを彼が脅威という情報として認識して抑止というコトを構成し、そのコトに基づいて反作用として彼が核兵器というモノで対抗し我に脅威という情報を認識させ、我もまた抑止というコトを構成する。この抑止というコトとして構成された情報と、モノが与える脅威という情報の絶え間ない相互作用が抑止の本質です。

†情報の相互作用

西垣通(2004)『基礎情報学』(NTT出版)を参考に、その情報の相互作用を大別してみましょう。ヒトは次の三つの段階で情報を処理します。

一つは「生命情報」です。生命情報というのは、細胞レベルの情報であり、わたしたちには認識できません。たとえば、細胞は細胞独自の遺伝子情報や生命情報によってわたしたちの身体を作り、維持しています。たとえば恐怖感は理性や認識の問題ではなく、生命情報に基づく細胞内の一種の化学反応です。なぜ人間はこういう恐怖感を持つのか。進化論から見れば、恐怖感を持たなかった生物は危険を察知、回避できず淘汰されてきたからです。わたしたちの長い生命進化の過程の中で得てきた一つの生きる術が遺伝子情報に組み込まれ、生命情報となったのです。

それとは別個に、誰しも「わたし」という感覚、自覚があります。「わたしとは何か」と考える「わたし」が、「心的情報」という、二つ目の情報です。この「わたし」は、一つ目の生命情報と三つ目の情報である「社会情報」を統合し、「わたし」の意味付け、いわゆるアイデンティティを構成し、また自らを取り巻く外部世界を意味付けします。

さらに三つ目の情報があります。それは「社会情報」です。こうやってみなさんと一緒に「核兵器とは何だろうか」とか、「抑止とは何だろうか」と議論する過程で情報のやり取りを繰り返します。これがヒトとヒトとの間で構成される社会情報です。

生命情報、心的情報そして社会情報。これらが組み合わさって、一つの「抑止」という概念が構成されます。核戦争という他者からの社会情報は恐怖という生命情報を励起し、それを回避しようとする心的情報を生み、それを社会情報として他者へ発信する。この一連の自他間の情報の相互作用が抑止という状況を構成していくのです。

情報のやり取りには際限がありません。とにかく自己、他者を問わず相互にコミュニケーションを繰り返します。

なぜ際限なくコミュニケーションを繰り返すかといえば、人間というのは他者どころか自分自身さえ本当に理解しているかわからないからです。なぜなら「本当に理解する」ということはどういうことなのかがわからないからです。相手が何を考えているかわかならいから、お互いにコミュニケーションをとらざるを得ない。ヒトとヒトとのコミュニケーションの繰り返しで構成されるのが抑止です。

相手が何を考えているかわからない。だからこちらはどうすればいいのか。そうするとまた何らかのコミュニケーション――相手に対して情報を発信します。そうするとまた相手が何らかの形で情報を返してきます。返してこないかもしれないけれど、返してこないということも含めて情報の発信です。それを繰り返すことで構成される状況が抑止です。

†国際政治学から見た抑止

ここからはより具体的に国際政治学に基づき抑止についてお話します。

国際政治学には大別すると二つの考え方があります。「リアリズム」（現実主義）と、それから「リベラリズム」（理想主義）という考え方です。これは何に対応しているかというと、人間の恐怖・安心という生命情報や愛・憎という心的情報、それに基づく対立・協調という社会情報です。

本能的に人間は対立する、「ヒトはヒトに対してオオカミである」という恐怖感に基づくホッブズ的性悪説の人間観を持つ人は基本的にリアリズムの立場に立ちます。他方、本能的に人間には他者への「憐れみの情」があるというルソー的性善説の人間観を持つ人はリベラリズムの立場に立ちます。

リアリズムのほうは、「争いごとが絶えないのは人間が持っている他者への恐怖感という本能だから仕方がない」と考えます。そこで「争いをどうやって抑え込もうか」と考えるところから抑止という考えが出てきます。一方、リベラリズムの人たちは、そうは考えません。「対立が起こっているのは、他者への憐れみの情が失われているからだ、憐れみの情を阻害する制度や社会に問題がある」と考える。だから、他者に対して「憐れみの情」を求め協調するよう説得する。その結果協調が訪れ平和になる、と考える。

要するにリアリズムの対立的世界観に立つ抑止論は、武力で威嚇して恐怖感を与え相手を抑止するのが基本です。他方、リベラリズムの協調的世界観に基づく抑止論は、報奨で相手を安心させ相手に行動を思いとどまらせるのが基本です。

国際政治学のメタ学問である社会学の視点から抑止論に少し触れておきます。

社会学の泰斗タルコット・パーソンズは、「人間の行為には社会の成員全体を拘束するある種の規範的な要素が含まれており、行為の選択の過程でやがてある種の規範が社会に構成される」と主張しました。ヒトには対立を避けようとする方向で行為を選択し、その結果対立を避けようとする共通の規範が社会に生まれる。たとえば国際社会においても、核兵器禁止条約が締結されたように、核兵器を使用しない、核戦争を起こさないという規範が国際社会に構成される。そうした規範をいずれはすべての国家が相互に共有し、そのとき初めて、核兵器無き世界が実現するという考え方です。これは共通規範の形成という点で一般的には国際政治学のリベラリズムの立場に立つ抑止です。

国際政治学におけるリアリズムも、規範はもちろん重視しています。規範を構築することを否定しているわけではありません。ただし、規範の構築に重点を置くリベラリズムとは異なり、リアリズムは規範を破ったときにどうするかという問題に力点を置きます。リアリズムでは、規範を破れば懲罰が待っています。とはいえリアリズムでも、規範なしで力だけで秩序を形成・維持できるとは考えていません。重要なのは規範であり、必要なのは規範を守らせる法や力などの手段です。

社会に法秩序があり、その法秩序を破れば、国内では警察が罰します。国際社会にも国際法に基づく秩序が長い年月を掛けて形成されてきました。しかし、国際法は国内法と違って、国際法に違反しても、多くの場合武力制裁が実施されるわけではありません。秩序を破ってもそれを取り締まる世界警察があるわけではありません。

ただし世界警察に準ずる機関があります。それが国連の安全保障理事会です。しかし、安保理は拒否権を持った常任理事国の恣意的な決定が下されることが多く、簡単に懲罰行動を実行することはできません。二〇一四年にロシアがクリミア半島を併合するという露骨な侵略行動をとりましたが、安保理は核兵器保有国であり常任理事国であるロシアの拒否権で機能せず、代わりに米国、EU、日本など各国がせいぜい経済制裁を科す程度で、クウェートを侵略したイラクに対するような武力制裁は行使できませんでした。

しかし、ロシアやイラクの侵略的行動を見れば、本当に人間の行為には規範的な方向付けが内包されているのかという疑問があります。規範に基づく抑止という考えではなく、つまり行為の規範性の拡大ではなく、むしろ行為の不可測性の縮減こそが抑止の本質ではないかと思います。

パーソンズの規範論を批判してニクラス・ルーマンという社会学者が、コミュニケーションを相互に繰り返すことで、相手が何をしようとしているのかということを相互に理解できる範囲が広がる、と主張しました。言い換えるなら予測不可能性つまり不可測性が縮減する。しかし、完全に予測することはできない。完全に相手の行動を予測することができないから、自らの行動を促進する一方、抑制する場合がある、この促進と抑制を彼我が相互に繰り返すことが抑止だと、わたしは理解しています。

重要なことは、相手の考えを一〇〇パーセント理解することも相手の行動を一〇〇パーセント予測することもできないことです。できないがゆえに、相手が何をするかわからないから、結局おそれと自分勝手なことができない。結果的に相互に行動を自制することで抑止が効くわけです。つまり、相手のことが一〇〇パーセント理解できないからこそ、わたしたちの社会は何とか秩序が維持できている、治まっている、ということではないでしょうか。

2、拡大抑止とは何か

拡大抑止と言うと、抑止と同じだと思われるかもしれませんが、「拡大抑止」と「抑止」というものはまったく別物です。拡大抑止の本質は同盟論です。アメリカが日本に対して拡大抑止を提供している、アメリカは日本に「核の傘をさしかけて、いる」あるいは「いない」という言い方こそ、拡大抑止が同盟論であることを示しています。

†ヤマアラシの恋愛関係

具体的には、万が一、中国か北朝鮮かロシアが日本に対して核攻撃をするという脅しをかけてきたときに、アメリカが日本に代わって「そんなことをしたらおまえを核攻撃するぞ」という脅しを中国や北朝鮮やロシアにするかどうかということです。非核保有国の日本は核保有国の中国や北朝鮮と核抑止関係にはありません。核抑止関係にあるのはあくまでも核保有国であるアメリカと中国、北朝鮮のあいだです。日本はアメリカと中国、北朝鮮との核抑止のあいだでいったいどういう役割を果たしているかと言えば、アメリカへの忠誠と便宜供与を梃子にただひたすらアメリカに対して「万が一のことがあったら日本に代わって北朝鮮や中国に報復してくれ」、「少なくとも報復の脅しをかけてくれ」ということを言いつづけるだけです。日本に代わってアメリカが核報復を確実に実行してくれる保証はありません。

かつてツキディデスは『戦史』で、「ラケダイモン人とその同盟者たち（ペロポネソス同盟）」を例に、アテナイの攻勢を前にして、ラケダイモン人の援助を待ち望みながら結局は見捨てられる弱き同盟者メロスの悲劇を描きました。助けに来なければ他の同盟者の信を失い劣勢に陥ることになるから必ずラケダイモンは援助に駆け付けるとのメロスの希望に対してアテナイはこう喝破したのです。〝危険を冒してまでラケダイモンは助けには来ない、援助を求める側がいくら忠誠を尽くしてもそれは盟約履行を保証しない〟と。

では、日本がどうやってメロスの悲劇を避け、アメリカの拡大抑止を確実にするか。つまりアメリカによる対中国、北朝鮮への核抑止が有効となる日米同盟をいかに構築するのか。

一つは、日本がアメリカと一心同体の関係を作るということ。アメリカに抱きついて、「日本に対する攻撃はアメリカに対する攻撃と同じだ」とアメリカ側に思わせること。そうなればアメリカは日本への攻撃を自国への攻撃とみなし、日本は安全が保障される。具体的な案の一つは、在日米軍基地を人質にとることです。

ところが、これをアメリカの側から考えてみましょう。アメリカにすれば、「そんなにべったり抱きつかれても、自分たちとは関係のない争いに自分たちを巻き込んでくれるなよ」という、アメリカにとってみればありがた迷惑な場合もある。たとえば尖閣問題です。アメリカ側からしてみれば、「尖閣のような小島の問題でなぜアメリカの兵隊が血を流さなければいけないんだ」という思い、つまり、抱きつかれる恐怖があるわけです。そうすると、日本がアメリカに対して一生懸命「わたしたちと一緒にがんばりましょう。我々は全面的に協力しますから」と言えば言うほど、アメリカはかえって警戒するかもしれません。アメリカから見れば、日本とは少し距離をとりたい。

これはヤマアラシの恋愛関係です。相手とハグしたい。でもお互い針があって抱きつけない。その微妙な関係をどう取っていくかということが日本にとっての拡大抑止の妙です。

日本にとってはアメリカから見捨てられるのも恐怖です。同時にアメリカの紛争に巻き込まれる恐怖もあります。アメリカもまた日本の紛争に巻き込まれる恐怖があります。この、お互いの恐怖感の違いが日米関係に大きな影響を与えているわけです。日米同盟に反対する人たちは「アメリカの紛争に巻き込まれたらどうするんだ」と言います。逆に、「アメリカから見捨てられたらどうするんだ」という日米同盟賛成派の恐怖もあります。こうした巻き込まれ、見捨てられの相反する同盟のジレンマの中で日米同盟が運用されているわけです。

†二重決定と日米同盟

さて、そこでより具体的な話として、二重決定と日米同盟の話に移りたいと思います。「二重決定」とはどういうことか。一九七九年一二月一二日にＮＡＴＯ理事会が、ヨーロッパの核軍縮を進めるために核兵器を配備するという、つまり軍縮のための軍拡という相矛盾する決定を同時にしたというのが、ＮＡＴＯの二重決定です。

この背景には何があったかと言うと、ロシアが「アメリカ本土には届かないけれども、ヨーロッパのＮＡＴＯ諸国全域を射程に収める中距離核ミサイルを配備する」ということを決定したわけです。ところが、ヨーロッパのＮＡＴＯ諸国にはモスクワを狙うだけの中距離核ミサイルはなかった。そこで、「万が一、ソ連がヨーロッパのＮＡＴＯ諸国のどこかを攻撃したときに、アメリカがアメリカ本土からモスクワに向かって核攻撃をするか」という問題が出てきた。つまり「ワシントンを犠牲にして、アメリカはミュンヘンを救うか」という問題です。もしもソ連が「アメリカはそんなことをしないだろう」と考えたら、ソ連はヨーロッパを攻撃する可能性が出てくるわけです。

それを防ぐためにアメリカはモスクワを射程に収めるパーシングⅡという中距離核ミサイルを西ドイツなどヨーロッパに配備し、ソ連のＳＳ-20という中距離核ミサイルとのバランスを取ったのです。パーシングⅡを配備すると同時に、米ソの中距離核ミサイルの廃棄に向けた交渉が始まります。最終的に全廃で合意したのが一九八七年の一二月です。ＩＮＦ条約の成立です。これがきっかけになって、その二年後に冷戦が終わります。

二〇〇〇年代になって、「ロシアがこのＩＮＦ条約に違反するようなミサイルを開発、配備しているのではないか」という疑いをアメリカは抱くようになりました。結局二〇一九年八月、アメリカはＩＮＦ条約破棄しました。

このことがいったい日本とどういう関係があるのか。じつは大いに関係があります。問題は、ＩＮＦ条約によって、アメリカ軍の日本に対する拡大抑止の能力が、著しく低下しているということです。わたしたちは今、アメリカの拡大抑止の能力があることを前提にして議論していますが、もうすでに、その拡大抑止の能力がアメリカにはない。日本は核の傘を被っていない。

ＩＮＦ条約によって、アメリカは地上発射型中距離ミサイルを全廃しました。その結果、アメリカは今、中距離ミサイルを持っていません。中距離ミサイルというのは射程五〇〇から五五〇〇キロです。もちろん、アメリカには空中から発射する中距離巡航ミサイルもありますし、全く中距離ミサイルの代替がないということではありません。他方ロシアはＳＳＣ‐８という地上発射型の中距離巡航ミサイルを最近開発、配備しています。

ミサイルは、大きく分けて二つあります。まずジェット機のように飛行する巡航ミサイルです。これは自由に方向を変えたり高度を変えたりしながら、自由自在に飛んでいきます。しかしながら、航空機並みの速度しか出ません。

他方弾道ミサイルは、ロケット推進で上昇し、最高点に到達してからは弾道を描いて自由落下していきます。したがって弾道ミサイルの再突入速度は秒速約八キロと非常にスピードが速い。ロシアは巡航ミサイル型と、イスカンデルMという弾道ミサイル型の両方の地上発射中距離核ミサイルを配備しています。

ロシアだけでなく中国も数多くの地上発射中距離核ミサイルを配備しています。弾道ミサイルのDF‐15、DF‐16、DF‐21、DF‐26。そして巡航ミサイルのCJ‐10です。一説によると、中国が持っているミサイルの九五パーセントが中長距離です。つまり、アメリカには直接届かないけれども、もうグアム、ハワイぐらいまではほぼ全部射程に入れています。

そして、北朝鮮です。北朝鮮もスカッドC、スカッドER、ノドン、北極星など中距離ミサイルを保有しています。これらはアラスカ、グアムぐらいまでは届くかもしれませんが、まだロサンゼルス、ワシントンには届かないだろうと言われています。しかし、日本は完全に射程内です。

韓国も、射程三〇〇～五〇〇キロの弾道ミサイル玄武2、玄武3を持っています。

さて、アメリカです。アメリカは地上発射中距離ミサイルを持っていません。INF条約で全廃しました。もちろん、トマホークという、艦艇から発射する射程二六〇〇キロの巡航ミサイルはあります。このトマホークを地上配備にするのか、それとも現在陸軍で開発中の新型ロケットシステムの射程を延伸するか。それから、日米共同で、現在ミサイル迎撃用に作られているミサイルを対地攻撃型に改修するか。まだいずれも計画段階です。

日本にとって問題なのは、ロシアよりもむしろ中国や北朝鮮——韓国は除きます——の中距離核ミサイルに対抗するための中距離核ミサイルを、アメリカが持っていないことです。中国や北朝鮮の核ミサイルに対抗するための核ミサイルでアメリカが持っているのは、トライデント3型と言われる潜水発射型の核ミサイルです。これは射程一万一〇〇〇キロで、米本土近海に配備しています。これに加えて、アメリカの本土から発射する射程一万三〇〇〇キロのミニットマンという大陸間弾道弾があります。

今、日本はちょうど、一九七九年にNATOが置かれた状況と似ています。たとえば、中国が「日本を攻撃するぞ」と言ったときに、アメリカは「やれるものならやってみろ。北京に核ミサイルを落とすぞ」と言うのか。そうすると、中国は「やれるものならやってみろ。ワシントンに落とすぞ」となるでしょう。しかし、東京とワシントンを天秤にかけて、アメリカがワシントンを犠牲にするなどということは一〇〇パーセントあり得ません。つまり事実上アメリカの拡大抑止が効いていない状況に今日本は置かれています。この破れ傘の状況をどうするかということについての議論をこれからしないといけない。

二〇一八年一二月一八日に出された防衛計画の大綱は、じつはこうした状況を踏まえた上で、射程を伸ばしたミサイルをこれから開発するという計画が盛り込まれています。大綱は、どうもこうした「アメリカの拡大抑止が日本に対してあまり効いていない」ということを前提にしながら、おそらくそれに対する危機感があって、さまざまな兵器体系の獲得、取得を計画しているのではないかと思われます。安倍首相自身がそう思っているのか、それとも国家安全保障会議の中でそういう議論が出ているのかわかりませんが。

†日米同盟の信頼性

アメリカの核兵器体系の欠陥に加え、アメリカの同盟の信頼性の話は、歴史的に見てずっと、米同盟諸国につきまとう問題でした。かつてアメリカは、湾岸戦争の時も反フセイン派で米軍に協力したシーア派を戦後見捨てたことがあります。トランプ政権になって、アメリカとの同盟には、一層米同盟諸国は疑心暗鬼に陥っているような状況です。シリアからの米軍の撤退は、「あれだけがんばったのにクルド族は見捨てられるのか」という思いを多くの米同盟国が抱いたことでしょう。トランプ大統領にとっては、メロスを見捨てたラケダイモン人のように正義・名誉より利益が優先するようです。

状況としてわたしが思い浮かべるのは、八〇年代の後半から九〇年代にかけての日米関係です。当時、貿易摩擦が起こり防衛摩擦も起こり、対日批判を強めるアメリカに日本国民の不信感が澎湃と湧き上がる、という時代でした。そこで日本政府は、共同開発の名目でF‐16を大量に買ってF

－2を作り、貿易摩擦や防衛摩擦を何とか解消させようとしたわけです。今回も日本政府はF－35を四二機追加発注するという形で貿易摩擦を何とか回避しようとしています。しかし、こういうことをやっているときというのは、結局アメリカに対する信頼性が欠けているときなのです。

今のトランプ政権は、ある国との同盟を維持することが他の同盟にどのような影響を及ぼすかということについて、あまり関心は持ってはいないのではないかと思います。だから、本当にある日突然、「朝鮮半島から米軍を引くぞ」とツイッターで呟く日が来るかもしれない。それがあり得ると思わせるほど、トランプ政権に対する信頼性が落ちてきているということです。

3、日本の取るべき戦略

では、我々は拡大抑止の機能不全という現状にどう対処すべきなのか。

わたしは以前から、「このアメリカの拡大抑止、核の傘というのは破れ傘だ」と主張してきました。その意味は、一九九六年の国際司法裁判所による「核兵器裁判」にあります。この核兵器裁判で、自衛のための核兵器使用に対してさえ「違法とも合法とも言えない」という画期的な判断が出ました。当然、他国防衛のための核兵器の使用は非合法ということです。

さらに、二〇一七年七月には「核兵器禁止条約」が結ばれました。先ほど言った規範という意味で、アメリカが日本防衛のために核兵器を使用することについてのハードルがものすごく高くなった。言い換えるとアメリカの日本に対する拡大抑止の信頼性が著しく低下したということです。

また、二〇一八年に沖縄で開かれた「自衛隊を活かす会」のシンポジウムで渡邊隆元陸将がお話しになったように、現在の米・中の軍事均衡点はグアムにまで後退しています。つまり、もう日本は、軍事的な意味で中国の勢力圏に入ってしまっているのです。そういう現状を踏まえて、沖縄の基地問題も考えないといけない。

こうした状況をすぐに変えることはきわめて難しい。

†北東アジア非核三原則構想を提唱する

そこで提案したいのが「北東アジア非核三原則構想」です。日本は「持たず」、「作らず」、「持ち込ませず」という非核三原則を「堅持」してきました。この非核三原則の適用範囲を日本から朝鮮半島に拡大していく、というのがわたしの提案です。朝鮮半島に広げていって、やがては北東アジア地域――中国はなかなか難しいかもしれませんが、いずれにしろ最終的には北東アジア地域に日本の非核三原則を拡大していくということです。

とりあえず、まずは日本、それから韓国、北朝鮮、この三か国において、日本がとっている「持ち込ませず」の原則を拡大していく。このことは何を意味するかと言うと、北朝鮮の核兵器の廃棄です。非核三原則ですから、「持たず」、「作らず」の二原則を、まず北朝鮮に飲ませる。その交渉材料として「日本は万が一のときには一原則削除する」ことを持ち出す。すなわち「『持ち込ませず』を削除してアメリカの核持ち込みを認め、「非核三原則を二原則にする」ことを交渉カードにして、アメリカと協力して北朝鮮側に対して核兵器の廃棄を迫っていくとのです。

このまま北朝鮮の核開発を座視していれば、日本が取りうる手段というのは本当に軍拡しかなくなってくる。軍拡の行き着く先は何かと言うと、非核三原則の破棄すなわち日本独自の核兵器開発です。

日本は核開発についてどのように外国から見られているとかいえば、いわゆる「潜在的核兵器保有国」です。日本はプルトニウムを持っています。プルトニウムがすぐに核兵器に転用できるかどうかについては、専門家のあいだにもいろいろ議論があります。しかし、「核兵器に転用できる」という風評が、不可測性を高めるという意味で重要です。

ミサイル兵器に転用可能な固体燃料ロケットはすでにあります。それは「はやぶさ」を打ち上げたM‐Vロケットの後継機で現在JAXAが開発している「イプシロン」ロケットです。実戦配備するミサイル用ロケットは、作戦運用の点から固体ロケットが必須です。

プルトニウムとロケットはあります。あとは核兵器製造技術があるかということです。日本の技術力を外国は高く評価しています。「日本なら早ければ半年だ」、「いや、長くても三年あれば核兵器は作るだろう」と、国内外で予想されています。実際のところ、日本で核兵器を作った人が誰もいないために、どれぐらい時間が掛かるかわからないというのが実態のようです。

いずれにしろ外国からは「日本は潜在的な核兵器保有国だ」と――良いか悪いかは別にして――、みんな日本の技術力を高く評価しています。そのことが、逆に日本にとって、前述の不可測性という意味で日本の抑止力になっています。

†最終目標としての東アジア非核地帯構想

さて、以上のように日本の非核三原則を外交カードとして、最終的には北朝鮮に核兵器を撤去させていく。そして最終的な目標は何かと言うと、北東アジアだけでなく東アジア全体に非核地帯を構築する「東アジア非核地帯構想」です。

この東アジア非核地帯構想と北東アジア非核三原則構想とは違います。非核三原則構想は、あくまでもその前段階としての「持ち込ませない」を梃子にしての朝鮮半島の非核化を図るものです。

他方、東アジア非核地帯構想というのは、これはわたしの発想ではありません。もう二〇年以上も前から、長崎大学の先生方をはじめ多くの識者たちによって、中国、ロシア、アメリカ、そして日本、韓国、北朝鮮――この六か国で北東アジアにおける非核地帯を作っていこうという構想が練られています。つまり、東アジア（日本、朝鮮半島全域と極東ロシア、中国の沿岸部）には核兵器を一切持ち込ませないし、それから、最終的にはそこでの核兵器の使用を認めないという構想です。この六か国だけではなくて国際社会全体に、この地帯を非核地帯として、核兵器の使用は一切認めないということを承認させる。この「東アジア非核地帯構想」を実現させアジアにおける軍拡の状況を何とか抑止するために、まず北東アジア非核三原則構想を手掛かりにするというのがわたしの提案です。

はたして実現できるのか。それこそNATOの二重決定の時も、最初まさかそんなことはできないだろうと思っていた。ところが、やはりある種の平和に対する機運とか、そういう時代精神が国際社会で醸成される時機があります。ちょうど一九八〇年代の半ばがそういう状況でした。世界全体がもうある意味で戦争はうんざり、とにかく平和が必要だというような状況、機運、精神が涵養された時だったのです。それで一九八七年にINF全廃条約が締結され、それが引金となって冷戦が終焉した。

当時どういう状況だったかと言うと、イラン、イラクが八年以上にわたって戦争を続けていました。アフガニスタンでも泥沼の内戦が続いていました。アフリカでもアンゴラやコンゴなどで米ソの代理戦争が続いていました。中南米でも同じように代理戦争が続いていた。そうやって、八〇年代の半ばというのは、世界中で紛争が続いていた。そうした中で、やはりソ連もアメリカも、ある意味で戦争疲れ、紛争疲れを起こし、国際社会全体が紛争をとにかくまとめて終わらせようという機運が盛り上がってきたところに、ＩＮＦ全廃条約がまとまり、結果的に冷戦の終焉へとつながったのだと思います。

だから、何らかの形で状況を変えていく一つのきっかけとしても、日本が北東アジア非核三原則構想や「東アジア非核地帯構想」のイニシアチブを取っていく。これぐらいしか、日本が核政策でイニシアチブを取る外交カードがないのではないか。対米的には日米同盟強化のために軍拡というトランプ政権に同調する外交カードはあっても、国際社会全体への外交カードというのは、北東アジア非核三原則構想や「東アジア非核地帯構想」のような外交カードしかないのではないかと思っています。

わたしが考えているのは、あくまでも北東アジア非核三原則構想の宣言政策です。実効的にどれほど意味があるのかということよりも、非核化しないのなら日本は「持ち込ませず」の一原則を削除する覚悟がある、との宣言を北朝鮮に対して外交カードとして使うということです。

では、その日本の宣言を実際に北朝鮮が拒否し、非核化しないというなら、日本は「持ち込ませず」の原則を外し、米国に中距離核ミサイルの持ち込みを認める。日本は、まさにＮＡＴＯの二重決定の状況となります。一度アメリカの核兵器の持ち込みを認めてしまえば、日本は北朝鮮に核兵器の廃棄と日本からの米国の核兵器の「持ち込み」を撤回する外交交渉を開始するのと同時に、「持ち込み」を前提とする軍事戦略の立案が必要になります。

その際、軍事戦略として大事なのは、まさに「専守防衛に徹する」ということです「危ない道は歩かない」ということです。自分で武装して『どうだ、おれは強いんだぞ』と威張っていても、それはトラブルを引き起こすだけかもしれません。ただし、「何もしない」「何もできない」としたら、相手が出来心で腹を空かせた人が金を取るために襲ってくるように、日本を侵略する国があらわれるかもしれない。そういうことはされないだけのことはしましょう、ただ、余計なことは一切しません、ということが大事です。

†INF条約と日本の役割

なお、INF条約の問題では、わたしは、地域全体を巻き込む形の多国間交渉に持ち込むのは大賛成です。ロシアも中国との多国間交渉に賛成しています。日本は核ミサイルを持っていませんけれども、もしも多国間交渉に何らかの形で関わるような交渉力が発揮できれば、非常にすばらしいことだと思っています。

ご存じだと思いますけれど、最初のＩＮＦ条約の時に、日本の外交はものすごくうまく機能しました。ＩＮＦが全廃できたのは、裏に日本の外交があったからです。

いっとき、すべて廃棄するというゼロ・オプションではなくて、ヨーロッパ正面だけのＩＮＦ廃棄で話が収まりかけたのです。けれども、そうなるとソ連が中距離ミサイルをウラル山脈からアジア地域に持っていく可能性が出てきた。「そんなことにでもなれば日本は大変なことになる」というので、中曽根首相（当時）がレーガン大統領（当時）を必死に説得し、「とにかく全廃だ」というところまで話を持っていったのです。中曽根さんとレーガンさんの個人的な信頼関係が実ったのです。

同じように、今回もアジア地域の多国間交渉の中に日本も入って、「もしもうまくいかなければ日本だって核の持ち込みを認めるよ、中距離ミサイルを持つよ」といった外交カードを切りながら多国間交渉に持ち込んでいくというのは、非常に重要なことだとわたしは思っています。そのイニシアチブを日本外交が取れるかどうかです。

中距離ミサイルがこれから拡散していく可能性もありますが、拡散すればしたで、またある種の方法があります。多国間の交渉がうまくまとまらなければ、おそらく今もそうなっていると思いますが、中国がロシア正面にミサイルを向けなくてはいけなくなる。そうすると、ある程度、中国の中距離ミサイルが拡散されることになる。中国の場合は、ロシア正面とインド正面と在日・在韓米軍正面と、三正面です。ひょっとすると北朝鮮も正面に含まれるかもしれません。交渉がまとまらなければ、中国はその三正面あるいは四正面にずっとミサイルを配備していかざるを得ないという状況が続くわけです。そうなればある程度、日本も、中国の脅威を拡散できるかもしれません。しかし、これはあくまでも希望的観測です。

4、ＡＩと抑止

これまで、戦略や政治の側面から抑止や拡大抑止についてお話してきました。最後に、ＩＣＴ(Information and Communication Technology：情報通信技術)やＡＩ(Artificial Intelligence)の観点から、抑止について付言しておきたいと思います。

†「彼を知り己を知れば百戦殆からず」時代のデジタル情報

ＩＣＴやＡＩはここ一〇年で目覚ましい進歩を遂げました。ＩＣＴの発展に基づくＧＡＦＡ(GOOGLE, APPLE, FACEBOOK, AMAZON)やＢＡＴ(BAIDU, ALIBABA, TENCENT)のようなデ

ジタル・プラットフォーマーの巨大産業化や機械学習や深層学習によるＡＩの発展、量子暗号や量子通信の技術の開発など、一〇年前どころか一年前でさえも予想もつかなかったことが起きています。こうした目覚ましい技術発展が抑止に影響を及ぼさないはずはありません。

これまでの抑止とは、冒頭で述べた、モノの世界すなわち具象的な兵器に焦点を当てた考え方です。つまり、核兵器の爆発威力、ミサイルの精度、射程距離、搭載能力など兵器の性能に焦点を当てた戦略です。しかし、抑止はモノだけではなくコトの世界における情報の相互作用の問題でもあります。つまり、冒頭の定義を繰り返すと、抑止とはコトとモノを介した情報の相互作用です。

この相互作用は、言葉、映像、行動等あらゆる情報によって行われます。抑止が叫ばれた冷戦時代には、これらの情報は基本的にはアナログ情報でした。しかし、インターネットの出現とＩＣＴの目覚ましい進歩に伴い、相互作用は現在ほぼすべてのアナログ情報がデジタル情報に変換され、デジタル・プラットフォーマーを介して行われています。デジタル・プラットフォーマーが提供するのは単に相互作用の手段としてのプラットフォームの機能だけではありません。デジタル・プラットフォーマー自身があらゆる情報をクローラーによって収集し、機械学習や深層学習のＡＩ機能を駆使して情報に意味付け、価値づけをし、たとえばネットユーザーにあった映画や書籍、衣服や嗜好品などの商品を個々人に推奨しています。

では、商品の代わりに戦略を提供し、提供する対象を個人ではなく軍に代えれば、どうでしょうか。敵がどのような核戦略を考えているかを予想し、敵の戦略に対抗するにふさわしい戦略をＡＩが提供する。これは今や絵空事ではありません。

冒頭で述べたように、冷戦時代のアナログ情報に基づく抑止は、不可測性の縮減を求めて米ソが相互に、ホットライン、テレビ、ラジオ、新聞などを通じてコミュニケーションを繰り返していました。今ではＡＩが将来予測をするデジタル情報時代となり、アナログ情報時代以上にコミュニケーションにおける不可測性が縮減されています。もし我が彼よりも不可測性が縮減していたら、つまり我が彼のことをよく知り事前に行動が予測できれば、我が彼を攻撃しても勝利する蓋然性は高くなります。まさに「彼を知り己を知れば百戦殆からず」です。

三〇年前の湾岸戦争時代にもＲＭＡ（軍事革命）で戦争における不可測性である「戦場の霧」が晴れたといわれたことがあります。しかし、人の心や思想、すなわち冒頭で述べた「心的情報」までは晴らすことはできませんでした。

一方、今やスマホやクレジットカードなどありとあらゆる手段で個人情報が収集され「心的情報」まで明らかにすることが可能です。ネットは人々の性向や好みまで知ったうえで、いろいろな商品を推奨する時代です。敵の政策決定者や戦略家がどのような知識や思想、性格、性向をを持っているかを解析するのはＡＩにとってたやすいことです。

彼もまた敗北を防ぐために、「戦場の霧」を晴らそうとするでしょう。つまり、彼我双方が「戦場の霧」を晴らし不可測性を縮減しようと、ＩＣＴやＡＩなどの開発に注力するようになります。言い換えるなら、抑止はモノ、コトの世界における情報の相互作用であり、抑止の本質は情報の均衡あるいは不可測性の均衡になります。それゆえに抑止は核ミサイルや兵器のカタログ・スペックではなく、情報を分析するＩＣＴやＡＩの能力に依拠することになります。５Ｇで米中が対立しているのは、まさにそれが不可測性の均衡という抑止の一端だからです。

情報による抑止という観点に立てば、日本は「北東アジア非核三原則構想」を、アメリカの中距離核兵器に頼らずに、ＩＣＴやＡＩの技術開発で実現できる可能性がありそうです。それだけではなく、彼の軍事力をデジタル情報に変換してＡＩで不可測性を縮減すれば、戦わずして勝利する、それこそ情報による「専守防衛」が可能になります。その意味で今日本に必要なのは兵器の軍拡ではなくＩＣＴやＡＩさらには次世代の量子コンピュータの技術競争です。

ＩＣＴやＡＩの発展で不可測性が限りなく縮減し「戦場の霧」が完全に晴れてしまえば、抑止が成立する可能性が失われます。そうなれば抑止を成立させるのは不可測性ではなく、やはりパーソンズが主張した規範ということになります。しかし国際社会においては、その規範すなわち理念が揺らいでいます。

†地政学の復権と民主主義脆弱化の時代に

一昔前であれば、「自由と民主主義」が世界の秩序の基本理念になっていました。ところが今、民主主義が脆弱化しています。民主主義が普遍的な理念であるとは、だれもだんだん思わなくなってきている。フランシス・フクヤマ（二〇一八）『政治の衰退』（講談社）では、「民主主義は必ずしも普遍的な理念ではない」とさえ述べられています。フクヤマといえば、冷戦が終わった時に、「自由と民主主義の勝利だ」と誇らしげに述べた人物です。そのフクヤマが、希望は捨ててはいないものの民主主義に懐疑心を表明しています。

その一方で権威主義の強靭化が目につくようになりました。実際、冷戦後民主化したはずの東欧諸国ではハンガリーのオルバン政権にみられるように権威主義への揺り戻しが見られます。何よりも権威主義的な傾向を強めているのはロシアのプーチン政権です。

ロシアのことについて注目している人は少ないと思いますけれども、ロシアは着実に勢力圏を広げています。ウクライナからクリミア半島を取っても、みんな「ああ、そうか」と事の深刻さをあまり理解していないようです。しかし、クリミア併合はイラクがクウェートを侵略したのと同じあからさまな侵略です。

クリミアだけではありません。二〇一八年のことですが、ロシアとウクライナにまたがるケルチ海峡で、ロシアの船がウクライナの艦船三隻を攻撃した上に、乗員を拿捕しました。これが何を意味するのか。ケルチ海峡というのはウクライナの内海とも言うべきアゾフ海の出口です。そこをロシアが抑えたために、もうウクライナのアゾフ海沿岸は完全にロシアの勢力圏になってしまいました。つまり、ウクライナの東半分は、事実上ロシアが占領したも同然です。

加えてロシアは、ウクライナの西側に「沿ドニエストル共和国」という傀儡国家を作って、勢力下においてしまいました。さらにジョージアのほうには「アブハジア共和国」いうやはり傀儡国家を作っている。ふと気が付くとソ連解体の時に失った領土を今、ロシアは着実に、しかも、力で取り戻していっている。ロシアの行動を見ると、なぜ最近の国際政治学で地政学が流行するかがわかる気がします。

地政学というのは、ナチスが重用した学問として日本では戦後評判が悪かった。一九七〇年代後半に倉前盛通という亜細亜大学の先生が、『悪の論理――地政学とは何か』という本を書いて大ベストセラーになったことがあります。国際政治学を勉強していた当時のわたしにしてみれば――わたしの周辺も含めてですけれど――あれはもう完全な際物の議論でしかなかった。今また地政学が復活しているということ自体、理念や思想が失われているがゆえの現象です。力の秩序というものがまた盛り返してきたという思いがします。

同時に今、民主主義は権威主義よりも効率が悪いという議論がささやかれるようになってきています。脆弱化する民主主義の理念に代わって、今では権威主義という政治理念が強靭化し、両者の理念抜きの力の対立で「力による秩序」が現前化しはじめたのではないか。要するに、民主主義か権威主義かという国際秩序を形成する理念に混乱が起き、理念というソフトパワーに代わって軍事力、経済力というハードパワーが秩序の源泉になっている。これが現在の国際政治が抱える最大の問題だとわたしは思っています。だからこそ我々が共通の規範を作り出していくということ、本当に些細なことであったとしても「力の秩序」に反対の声を上げ、自由、民主主義、人権の共通の規範を構築することが、何よりも重要だろうと思います。

もちろん、力による秩序の形成というのは必要です。ただし、力だけでは秩序は安定しない。警察や軍事など物理的権力だけで秩序は安定しません。みんながそうした権力を正しいものだと思うようなある種の思想や規範に基づく権威が生まれたときに、初めて秩序は安定します。

わたしは抑止そのものを、根底から否定するものではありません。最初に申し上げたように、人間関係の中のいちばん基本は、相互作用だからです。ですから抑止を否定することはできない。だとしても、抑止という相互作用を安定的に運用していくためには、やはり規範が必要です。「その規範をどうやって作るか」が、わたしたちに課せられた課題です。

そういう文脈で、たとえば平和運動というものも非常に重要です。しかし、平和運動だけでは秩序は安定しない。ある程度、力の裏付けがないといけません。だからと言って、力だけでも安定しない。そこで必要なのが情報論的な発想です。平和運動の思想はコトによるコミュニケーションです。他方、力はあくまでもモノによるコミュニケーションです。両者が相まって、国際社会において国家だけでなく非国家主体も含めてコミュニケーションを繰り返す過程で、抑止と同時にたとえば非核や平和という共通の規範が形成されてくると思います。

そのためにも、もう一度民主主義を鍛えなおすとか、あるいは自由というものをもう一度考えなおすとか、新たな自由の概念を創出するなど、今そうした努力こそが抑止を考える以上にわれわれに問われているのではないかと思います。

III

思想的背景から見た抑止の現在と未来

内藤 酬

本稿ではまず、核兵器の登場以後に「抑止」というものが前面に出てきたことをふまえ、核抑止の歴史をざっとたどりながら、抑止の思想的背景をいくつかの観点から述べてみます。その上で、抑止を超える思想について考えてみようと思います。

1、抑止の歴史とその思想

†「大量報復」から「柔軟反応」へ

核兵器の登場は、いうまでもないことながら、広島と長崎への原子爆弾の投下です。そしてその翌年にはすでに「抑止」の概念が登場しています。そして核抑止の概念がアメリカの戦略政策に最初に導入されたのは、アイゼンハワー政権の「大量報復」戦略であり、それにかかわったのはダレス国務長官です。そしてそれはケネディ政権の「確証破壊」戦略へと受け継がれていく。そしてそれがソ連の核保有を経て「相互確証破壊」にもとづく「相互抑止」の構造として安定した体制をつくりあげていくことになります。

一方、通常戦力レベルで多様な事態に対応する「柔軟反応」戦略も登場してきて、核戦力レベルの「確証破壊」戦略と通常戦力レベルの「柔軟反応」戦略の二本柱が確立していきます。それが核抑止体制の枠組みとして固定化されていく。ケネディ政権の戦略政策を主導したのはマクナマラ国防長官でした。

その後の技術の発達などで「相互抑止」の構造が揺らいでくると、それへの対応として、あるいは同盟国への「拡大抑止」の提供という観点から、ニクソン政権のときには、核戦力レベルにも「柔軟反応」戦略を導入していくことになります。それがシュレジンジャー国防長官――後にカーター政権のエネルギー長官になる――が提唱したターゲッティング・ドクトリンというものでした。しかし、それでも核抑止は安定せず、さまざまな弥縫策をくり返しながら、かえってそれが核抑止体制の不安定性を増幅する結果になって、ついに冷戦の終結という事態を迎えることになってしまったわけです。

そんな核抑止体制の歴史にもとづいて、「抑止」の意味を考え、そのうえで冷戦後の世界における軍事力の役割を考える必要があるのです。けれども、あまりそのことを深く考えないまま、「抑止」という言葉が驚くほど安易に使われているという印象があります。

「不確実性の抑止」

抑止というと、一般には「お互いの力を計算してバランスを取ると、攻撃を思いとどまる」みたいに、すぐに計算ずくの話にされがちですが、必ずしもそうではありません。僕がずっと抑止、核兵器と付き合ってきて感じているのは、むしろ「非合理な要素や不確定な要素こそが抑止を成り立たせてきた」のではないか、という印象です。

あとで詳しく述べることになりますが、今の複雑系の科学では「揺らぎが自己組織化する」という考え方があります。揺らぎがあるからこそ自己組織化が起こってくるので、それと同様に、抑止の世界においても、曖昧さがあって、その曖昧さの中のお互いに計算しきれないところで、実際には抑止が成立してきたと思います。

キッシンジャーが「不確実性の抑止」と言い、ハーマン・カーンが「非合理性の合理性」と言って、「これこそが抑止を成り立たせている」という議論がありました。それが示しているように、「計算をお互いにやって、理性的にやるから抑止が成り立つ」というよりも、「理性が伸び切ったところで、理性ではもうやれないとわかったところで止まる」という感じが抑止を成り立たせているのではないか。

それは不確定性なり不確実性による抑止の成立と言えます。曖昧さがなくなり、完全に計算可能ということになると、勝つか負けるか初めからわかるということです。そうなったら抑止もへったくれもなくなり、勝つと思ったほうがやってしまう。ですから、「勝てるかもしれないけれど、それがわからないところが抑止を成り立たせている」というのが、実際には起こってきたことではないのかと感じます。

物理的な力の計算ではない

核兵器の存在がそれ以前と異なるのは、「その揺らぎの幅の中に人類の運命が丸ごと懸かるぐらい破壊力が大きい」ということです。それ以前は「ぎりぎりのところで勝てるかもしれないけれど勝てないかもしれないし、やったら共倒れになるかもしれないからやめておこう」というのが、戦争を思いとどまらせることについての基本的な考え方でした。そのことを、「ひょっとしたら勝てるかもしれないという思いをお互いに持たないようにしよう」という段階に引き上げたのが、冷戦構造の中での相互抑止の構造だったと思います。それが僕が核戦略の研究者としてたどり着いた結論です。

じつは、核抑止にはあまりご利益がありません。それでいて膨大なカネが掛かる。核兵器を作って維持するためには、その周辺の諸々まで含めてものすごいおカネが必要になります。周辺ということでは、核兵器を開発する物理学者は原爆を作って国家に貸しを作ったということになるので、国家に寄生して核兵器に関係あるカネをいっぱい出させ、実験や研究をやってノーベル賞を取って、みたいなことを実際にやることになる。そういうものまで含めて、諸々のおカネが掛かるのです。冷戦が終わったとたん、アメリカのクリントン政権がＳＳＣという巨大加速器をポンとやめてしまったのは、それが理由です。冷戦の時代だったから、そんなカネを注ぎ込む話が通用していたのです。

曖昧だから成立するということは、逆に言うと、抑止が効けば効くほど、いったいどこで効いているのかわからなくなるということです。いわゆる抑止のジレンマに陥っていくことになる。そうすると最大のポイントは次のように表現できるのではないでしょうか。

核抑止というのは物理的な力の計算ではなくて、物理的な装置が作り出す心理的なイメージを操作したり、お互いにやり取りする中で、心理的なイメージを共有することによって、ある一定の関係が出来ていく——揺らぎの中で心理的なイメージが流通することで、ある関係が自己組織化していく——ようなもの。

その中で、心理的なイメージで曖昧だからということになると、実際に戦争をしていないからわからないとなります。しかし、心理的なイメージを支えるのはある種の計算になるので、実際にどれだけの力があるかが大事だという話になり、結局、心理的なイメージをやり取りしているあいだに物理的装置は増える。結局、そういう構造が冷戦という時代を通じて進んだ抑止の正体だったのではないか。そういう曖昧さと不安と、それから心理的なイメージが回っていく中で、いろいろな理屈が付いてきたということではないでしょうか。

†戦略を支える思想

最初にこの「巨大な破壊力」が出てきたから、この巨大な破壊力のある種の万能感みたいなもので大量報復戦略が作られた。「核兵器という神の国のご威光を背負ったのだから、あらゆるところで優位に立てる」というようなものが、抑止戦略の出発点でした。

それに対して、「いや、そんなばかでかいものが、そんなちょこちょこといたるところで使えるわけがないだろう」という批判が最初に出てきました。それで、「核兵器といえども使えるようにしようじゃないか」というようなことを言い出したのが、キッシンジャーです。しかし、いろいろと検討した結果、やはり使えるようにならないということで、結局、「共倒れを確実なものにしていこう」という相互確証破壊の考え方が生まれてくる。

心理的なイメージの駆け引き

そんな中で、実際には使えないんだけれど、心理的なイメージを使ったある種の駆け引きはおこなわれる。ところが、心理的なイメージの駆け引きだけをやっていると、実際に軍事力を使っていませんので、いざというときには使えないだろうということになると、抑止を支える軍事力の信頼性に疑問が生じてくるのです。そして心理的なイメージの操作が逆にできなくなるという面倒くさいことになる。

そうすると、「あいつは頭がおかしい、合理的な計算ができないから、使うかもしれないじゃないか」というイメージが、じつはいちばん有効な戦略だということになる。そういう視点で見ていると、北朝鮮がこの間やってきたことは、いわゆる瀬戸際戦略のシナリオに忠実にやっているという印象があります。

この話は、巨大な軍事力を持っているにも関わらず、使うかどうかかわからないという話になり、それが本当にいざというときに使えるのかどうかわからないということで、抑止に信頼性があるのかという話につながっていくのです。そうすると、「時々使うかもしれない」、あるいは「本当に使うやつがいるかもしれない」という、「どうせ使いっこないだろうと思っても、やはり使うやつはいるかもしれない」という思いを時々再生産していくことで、じつは抑止が効いてきたという話になっていくのです。これは、新しい技術が出てきて、今までの安定したものを壊していくようになると、かえって危ないということにもなっていく。

すごく皮肉な言い方になりますけれど、冷戦の時代に核戦力の発動の可能性をいちばん強く保証して、核戦略体制を支えてきたのは、じつは反核運動ではないかというのが僕の考えです。核の秩序が安定して、「もう核兵器って要らないよね」、「何の役に立っているかわからないし、どうせ使えないんだろう」となったときに、「いや、あれは使われるかもしれないから大変だ、危ないものだ」

と宣伝するわけです。広島・長崎から反核運動が広がると、逆に核戦力が発動される信頼性をみんなが改めて思いだし、核戦略体制の再生産なり抑止の概念の再生産がくり返しくり返しおこなわれてきたという面があります。それは冷戦の時代に、反核運動をやっていた人たちの思惑と関係なく、抑止という非常に屈折した構造を持ったロジックですので、そういうものも取り込んで戦略が作られてきた。そういうことがなにがしか定期的に起こらないと、抑止というものは維持できないのです。

要するに、核戦略体制というのは、ある種の偶像崇拝の体制だと言えます。「あの偶像はただの木偶だ」とみんなが思った瞬間に、この偶像崇拝の体制は壊れてしまう。それで、「あの偶像は動き出すかもしれない」、「恐ろしい神様なんだ」という祝祭を定期的にやることが必要になる。そういう非常に奇妙な構造の中で、ある種の揺らぎを作り出して自己組織化していったのが、じつは核戦略や核抑止の構造だったのではないでしょうか。

そういうものですから、やはり長くは続かない。そう感じていました。

抑止はあくまで核兵器と結びついたもの

グローバルな冷戦構造は崩壊しましたが、部分的にはそういう構造がまだ残っていますので、同じような思考の中で回っている話が、今まだなおあちこちで存在しています。しかし、それはもうグローバルな核戦争、全面核戦争にはつながりませんので、抑止の基本的な概念というのは、たぶん冷戦が終わった現在、変わってきていると思います。

現在、通常戦争のレベルの兵器が、全面核戦争のレベルで使われる核兵器にリンクしないので、使いやすくなってきているという面があります。この両者には計り知れないほどのギャップがあるのですが、それにも関わらず、この分野においても「抑止」とか「抑止力」という言葉が比較的簡単に使われていて、そこが僕にはすごく引っかかっています。

抑止というのは、基本的には、「軍事力は戦争を避ける役割を持っている」というだけの話ではありません。そういう程度の話なら、軍事力全般にそういう役割は昔からあったのです。核兵器が登場するまでも戦争が回避されることはあり、「軍事力があったけれど、たまたま戦争は回避できた」とか「あったことで回避できた」と言えることはあったでしょう。しかし、少なくともそれを「抑止」という形で表現することはありませんでした。

抑止という考え方が全面的に出てきたのが核兵器の登場によるものでした。そのきっかけとなったのは、広島・長崎に対する原爆被害の調査が本格的にやられたことです。最初に広島・長崎に調査団を入れたのは、日本国内で原子爆弾開発計画をやっていた理化学研究所の仁科研究室と、京大の荒勝研究室のメンバーでした。お医者さんも入りました。そのあと、アメリカの戦略爆撃調査団も入ってきて、日本が調査した資料も含めて全部ごっそりアメリカが持ち帰り、詳細な分析をしています。その分析の結果として一九四六年にバーナード・ブロディが編集した『絶対兵器』（*The Absolute Weapon*）という本が出版されましたが、その中に、「これまで軍事機構の主要な目的は戦争に勝つことだった。これからは戦争を避けることでなければならない」という有名な言葉が出てきます。それが核兵器登場以後、抑止の概念が前面に現れた最初のものではないかと思います。

そういう意味で、核兵器と切り離されたところで、「抑止」という言葉をあまり軽々しく使うのはどうなのかと疑問に思います。最近、巨大な軍事力をもって相手を威圧して、「それが抑止力だ」というような、非常に単純明快な議論が多すぎます。核戦略を研究してきた人間から見ると、「抑止」という言葉の使い方がここまで曖昧になってしまったら、結局何も言っていないのに等しいのではないかという印象を持ちます。

✝抑止は曖昧さを基礎にした戦略

出発点となったのは「わからない」こと

一般に抑止とは、アメリカとソ連が両方核を持って、ある種の軍事バランスが出来ているから、天秤の両方で釣り合うように核問題でも相互に釣り合っていくものだと思われています。しかし、いま紹介した広島、長崎への原爆投下の段階で、その時点でアメリカしか核は持っていないにもかかわらず、抑止という考え方が生まれている。相互抑止以前の段階で、軍事力の役割は抑止だという考え方が登場してきているのです。ということは、単に「相手とこちらの軍事力を計算して抑止が成り立つ」という話は、抑止の本質とは違うのではないかと思うのです。「抑止が効いている」というと、非常に力学的なイメージがあるんですが、抑止を力学的なイメージで捉えると間違うのではないでしょうか。

力学的なイメージで捉えると、双方の力関係を冷静に計算すれば、どちらが勝つ、負けるとわかるわけですから、勝つと思ったほうはやるでしょうし、負けそうだと思ったら時間稼ぎをしながら勝てるようにしようとするでしょう。だから、抑止というのは、そういう意味での力のバランスを計算して理性的に行動することと捉えると間違ってしまう。

もともと、抑止戦略の出発点となった大量報復戦略も、その信頼性への疑問は、「こんな大きすぎる破壊力をそんなに簡単に使えるわけがない」、「戦場で使ったら味方もやられてしまうではないか」、「そういうふうなところで実際に使われるかどうかわからないということでは、相手側もその足下を見てくるだろう」というところにあったのです。「本当に抑止が効くのか」というのが五〇年代後半ぐらいの議論なのです。そのあとになり、結局、ソ連とアメリカが両方核兵器を持った段階で、相互抑止の構造が出来上がり、共倒れを確実にしていくことで世界の秩序を安定させていくというときに、あたかも「両方の軍事力のバランスが取れているから落ち着いている」というような、力学的安定のイメージが出来ていったように思います。

しかし、抑止が効くのは、力学的に安定しているからではなく、くり返し述べるように、それ自身が曖昧さを含んでいるからこそなのです。戦争して勝てるかもしれないけど勝てないかもしれないし、人類は滅びないかもしれないけれど滅びるかもしれない。そのぎりぎりの揺らぎのところで判断を求められるから迂闊な判断ができず、結局、軍事力の発動が難しくなり、両すくみのような状態になる。ですから僕はむしろ、抑止というのは軍事力で相手を威圧するというよりも、大きすぎる軍事力で、自分の軍事力の行使を制約するという面も同時に持っているのではないかと思います。それこそが、核兵器登場以後の抑止の概念ではないかと考えているのです。

安定すると不安が生まれる

ただ、それだけに、相互抑止の構造が安定してくると、同盟国のために核兵器を使用する可能性はどんどん下がってきます。ですから、「周辺のために中心部を犠牲にするようなことはしないだろう」というところが見えたので、たぶんヨーロッパは「いかにアメリカを引っ張りこんでおくか」みたいなことを、ＮＡＴＯの戦略として考えてきたのだと思います。

そういう意味では、相互抑止が安定すればするほど同盟国は不安になるのです。その不安を解消するために、同盟国のためにがんばらなければならないとなると、「些細なことでこっちも酷い目に合うかもしれない」とアメリカは感じるようになる。これも抑止のジレンマの一つの現れです。

結局、「核兵器を共同管理して世界の秩序を維持しながら、なるべくお互いの縄張りの周辺で起こるものを局所化する」という形でやってきたのが、じつは冷戦構造だと思っています。核兵器の共同管理の体制のような面がある。核兵器の持っている破壊力、あるいは実際に大きすぎる軍事力を細かな局面でコントロールしきれなくなるから、共倒れになるリスクをいつも抱えながらでないと核戦争はできないという状況の中で、じつは相互抑止の構造が成り立つ、あるいは抑止概念というのが維持されると見ています。

ただ、それだけだと、先ほども述べたように「あの偶像は木偶だから役に立たない」という議論にどうしてもなるので、時々新しい技術を使って「今までとは違う状況が生まれたから、これは大変だ」みたいなことを言ってみたりする。そうすると、それに呼応するように反核運動が起こって、ある種の偶像崇拝の定期的におこなわれる祝祭——と言ったら、たぶんやっていた人たちは怒るでしょうが——みたいなことがされるようになる。技術の発達でなかなかコントロールしきれなくなってきた部分などがあると。抑止のジレンマを何とか封じ込めようとしながら、それに振り回されてきた体制だったように感じます。

もう一つは、ケネディ政権のときに、相互確証破壊という考え方が出てきます。その前の五〇年代の「一気に全面核戦争に行く」という大量報復的な戦略ですと、局所的な紛争は解決できません。

それでは抑止にならないということで、「核兵器をもうちょっと使いやすくして、局所的なところでも核兵器を使う」「段階的に核兵器を使えるようにしておけばできるだろう」という考えが、限定核戦争論として出てきました。段階的抑止の考え方です。

技術が発展すると曖昧さが増していく

それはいったん否定されるのですけれど、その後、技術が発展していくことになります。相互確証破壊というのは、基本的に「お互いの都市を人質に取りましょう」という話ですから、そもそも非人道的な戦略です。一方、「より技術が上がって精度が上がれば、敵の核兵器だけを狙うことができるようになる」というような考え方が、七〇年代のターゲッティングの話です。

技術の発達がより細かくなってくると、逆に曖昧さを拡散していくようなところがある。結局、抑止というのは常に曖昧さがあって成り立つから、その曖昧さで足下を掬われそうになる。というような中でずっときていて、基本的に抑止の概念とはそういうところがあるのかな、ということは感じています。

柔軟反応戦略というのがケネディ政権のときに誕生しますが、この戦略というのは、段階的抑止の考え方を核兵器には適用しないのです。核はお互いの都市を人質に取る相互確証破壊の枠組みで安定させておいて、局地戦争は通常戦力を整備して戦うことにして、それが全面核戦争なり核戦争にリンクしないように封じ込めていくというような体制が、六〇年代に出来上がっていくのです。

ただし、ヨーロッパの場合は、通常戦争でソ連の戦車がやって来たところで、アメリカが核兵器で反撃してくれるかというと、「やってくれないだろう」という議論になっています。そういう意味では、柔軟反応の段階を確実に核戦争にリンクするようにしていくことで、逆に全面核戦争につなげていくものにする。柔軟反応というけれど、ものすごく硬直した戦略がその一方で出て来ることになるのです。そうすると、逆に、拡大抑止が相互抑止を崩すようなリスクを持ってくることになってしまう。そのような振り幅の中で、冷戦構造というのは、曖昧さが作り出す揺らぎに対して膨大な物理的装置を作るのですが、その物理的装置を物理的装置としてではなく、心理的なイメージの発生装置として使っていくような、非常にエネルギー効率の悪い戦略だったのではないかと思います。その結果、いろいろな負担を被っていくことになり、特にソ連は経済的に壊れてしまった。結局、アメリカにとってもソ連にとっても経済の負担になってしまって、たぶん計算外のことだったのではないかと思います。

2、抑止の思想的背景

次に、そういう抑止戦略をどう捉えたらいいのかということです。とりわけ、その「思想的な背景」をどういうふうに考えるべきかという問題です。

†クラウゼヴィッツとボーフル

核兵器出現の前と後で戦略思想がどう変化したか。それを考えたときに、クラウゼヴィッツとボーフルが大事です。フランスのド・ゴールの核武装を支えたのはピエール・ガロアだと俗には言われますが、実際にはアンドレ・ボーフルだったとされています。フランスの核武装を推進したド・ゴールの知恵袋だったと言われている陸軍大将です。その彼に、『戦略入門』という著作があります。この『戦略入門』と、クラウゼヴィッツの『戦争論』では、それぞれの戦略の定義はどうなっているのか。

物理的な力か心理的要素の重視か

クラウゼヴィッツの『戦争論』では、「戦略の旨とするところは、戦争の目的を達成するために戦闘を使用するにある」とされています。この「戦闘」というのはその次で、「戦争においては、物理的強力行為は手段であり、相手に我が方の意志を強要することが即ち目的である」とされている。物理的強力の行使というのを具体的な戦場でやるのが戦闘ですから、結局こちら側の意志とあちら側の意志があって、その意志と意志との衝突の中で物理的強力を使っていくことでわが方の意志を強要していく。「そういう政治目的を支援するというのが軍事戦略なんだ」というのがクラウゼヴィッツの定義だろうと思います。

それに対してボーフルが言っていたのは――デカルトの国の人なのでちょっと哲学的なのですが――、「戦略の神髄は、二つの相対抗する意志の衝突から生まれる抽象的な相互作用である」というものです。それは言い換えると、「戦略は力の弁証法的術、あるいは更に正確に言えば、争点を解決するために力を用いる二つの相対抗する意志の弁証法的術である」という定義をしている。二つの相対抗する意志があって、力を使って争うんだということです。

「争点を解決するために」ですから、「なにがしかの政治目的を達成するためには、わが方の意志を相手に強要するために力を使うんだ」という点では、クラウゼヴィッツもボーフルも、まったく同じ論理構造で戦略を定義している。では何が違うか。

クラウゼヴィッツにとっては、力というのはあくまでも物理的強力なんですよね。一方、ボーフルの場合は、「物理的強力も大事だけれど、それ以上に心理的な要素が大事であり、諸々の総合的な力というのが大事なんだよ」ということです。その「力」というものの定義が、心理的要素を含む、より広い意味に使われている。そこが、核兵器が出てくる前と後で変わっていることだと思うのです。

ボーフルは、抑止戦略というのは、結局、「軍事力が実際に直接使えないから、軍事力を心理的なイメージとして心理的に使うというところで抑止戦略が成り立っているのだから、だったらわざわざ軍事力を使って心理的イメージに転化しなくても、それ自身の心理的なイメージや心理的要素を使って影響力を行使できるならそのほうがいいだろう」としています。そういう意味では、それを全部含めた総合的な力として抑止戦略というのを考えている。そして、抑止戦略を拡張して「間接戦略」という言い方を、彼はしているのです。

そういう意味では、やはり核兵器のあまりにも大きな力というものは、絶対に使えないとは言えないし――絶対に使えなかったら何の意味もないので――、非常に使いにくいのだけれど、ひょっとしたら使えるかもしれないというところが心理的なイメージの発生源になっています。そこのところで生まれた心理的イメージを投射することができる。抑止戦略というのは、基本的にはそういう構造で成り立っているもののように思います。

カール・シュミットの「友と敵」概念

この二人のあいだにカール・シュミットを入れてみると、少し見えてくることがあります。カール・シュミットは、『政治的なものの概念』の中で、「政治の基本的な枠組みは友と敵」ということを言っています。「わが方の意志と相手の意志があって、友と敵なのだから、敵に対して、究極的には戦争にまで至るような可能性のある対立が、政治の基本的な枠組みだ」とシュミットは言っています。

クラウゼヴィッツの枠組みというのは、「シュミットの友と敵という枠組みの中で戦争を分析していく」と見ることもできます。それと比べれば、ボーフルのほうは、逆に、「物理的力が大きすぎて、友と敵の枠組みというものが物理的空間の中で成り立たなくなってしまう」と考えたのです。そこで、その軍事力を、物理的な力の形を持ちながら実質的には心理的な役割を果たすものへと転換することで、心理的空間の中で友と敵の理論を再生させているというものです。

つまり、物理的な力のレベルで、シュミットの友と敵の対立する枠組みとしての戦略空間というのが成り立たなくなったときに出てきたのがボーフルです。物理的な力を心理的なイメージに転換することで、友と敵の理論を心理的空間の中でよみがえらせて、それで政治目的に寄与するというような形にしたわけです。

結局、核兵器という巨大すぎる軍事力に頼ると、共倒れになってしまうのです。友と敵もへったくれもない。けれども、それでただちに友と敵がなくなり、みんな仲良しになるというほど単純ではない。抑止戦略というのは、核兵器が使えそうもないのだけれど、ひょっとしたら使えるかもしれない、そのぎりぎりのところの心理的空間の中で友と敵の枠組みを再生し、心理的なイメージを操作する装置へと軍事力を位置づけ直した戦略と言えます。完全に使えなかったら真っ白ですが、ひょっとしたら使えるかもしれないという一点の染みがあると、そこからぼやんと広がっていくという心理的なイメージです。そういうものだから、抑止戦略は間接戦略へ展開していくというのがボーフルの流れになった、ということは言えると考えています。

そういう意味で、冷戦の時代のアメリカとソ連の関係を見ていると、あれは単純な友と敵とは言いがたいと思います。敵同士でありながら、同時に、じつは核兵器の共同管理として共犯関係みたいなものがあります。物理的な構造を維持するところに関しては、やはり単純に友と敵の理論が成り立っておらず、その枠組みが壊れている。けれども、心理的なイメージとしての、情報戦などを全部含めていろいろな、ある種の意図的な枠組みは維持されている。核兵器によって全面核戦争に至らないように局所的な紛争を押さえこみながら、その局所的な紛争の中ではやはり友と敵の枠組みが生きているような、物理的空間と心理的空間が戦略空間の中で二重構造になっている。主要には、その物理的空間に物理的装置を作り上げていきながら、直接はそこでは使いにくいので、心理的なイメージという感じで心理的空間の中での抗争を激化するみたいなところは、ある種の核抑止が作り出した状況だという気がします。

クラウゼヴィッツとボーフルの間にシュミットを挟むというのは、そういう意味です。そのことにより、核兵器を含む軍事力というものの意味が、少しは見えてくるかと思います。

†東洋の思想と科学

関連して、いくつかのお話をしておきます。いろんな切り口があるので、そのことに触れておきます。

中国の思想家の軍事論

一つは、孫子とか老子とか、東洋の思想家が軍事について語っていることです。この時代、当然のことながら、核兵器ほど大きな軍事力が使われるわけではありませんが、軍事力を使うときのある種の自制した態度が、こうした思想家に見られます。そういう意味では、巨大すぎる軍事力ゆえに行動を自制せざるを得ないという、抑止戦略に通じるものがあります。

昔、宝珠山昇さんという防衛官僚がいました。僕が防衛研究所の助手だったころ、計画官で授業に来られていたのです。彼は孫子を引用した「神武不殺」という言葉がすごくお好きで、いつも言及しておられました。「神の軍隊は人を殺さない」という意味です。そのことを思い出すことがあります。

あるいは、老子にも、「兵は不祥の器にして君子の器に非ず。已むことを得ずして而して之を用うれば、恬惔なるを上と為す」という言葉があります。「軍事力は不祥の器だから、あまり喜んで使うなよ」、「仕方がないときも、なるべく自制して使え」という意味です。こういうものを見ると、核兵器の巨大な破壊力の登場によって、西洋の戦略思想の中にも初めてそういうふうな考え方が入ってきたのだと思うところもあります。

孫子には「百戦百勝は善の善なる者に非ざるなり。戦わずして人の兵を屈するは善の善なる者なり」という言葉があります。まさに軍事力を、実際の軍事力を行使するのではなくて、軍事力のある種の心理的なイメージを使って、相手にメッセージを送るという意味では、抑止戦略の考え方に通じるものがある。老子や孫子は、核兵器のように地球的な規模の破壊力で、単純に軍事力を行使すれば共倒れになるという構造の中で考えたわけではないのですが、抑止戦略の考え方に通じるものがあるのは不思議な感じがします。

戦略に限らず、もう少し広い意味での思想史の文脈で考えれば、二〇世紀後半という時代は、東洋思想と西洋思想が出会って交流している面がいろんなところで存在します。戦略においても、核兵器の登場による抑止戦略の基本概念というのは、西洋の戦略思想という角度から見たときには、思想史における東洋思想と西洋思想が出会って交流している姿の現れみたいなふうに捉えることもできるのかなと思うところがあります。

ニュートン力学と量子力学

さらに二つのことを述べます。思想に関わる問題です。

一つは、核兵器を作り出したテクノロジーとか、それを可能にした科学的な知識というものが持っている思想性みたいなもののことです。先ほども、「核戦略、あるいは核抑止というのは、計算可能、予測可能で、計算できるものとして考えられているわけではなく、むしろ曖昧さがあるからこそ成り立っているんだ」という話をしました。それは二〇世紀以降の自然科学の考え方と親和性があるように思います。

一七世紀に成立した近代科学というのは、ニュートン力学が典型的なように、すべてが計算可能、予測可能で、条件を設定すれば全部を追いかけていくことができる、曖昧さなくすべてがわかるという考えが基礎にありました。ですから、そういう意味では、力学的な均衡で戦略を語ったり抑止力を語るというのは、僕のイメージではニュートン力学的思考の枠組みのように思うのです。

それに対して、二〇世紀に登場した量子力学というのは、完全に機械的な法則を、曖昧さなく解析的に方程式を解いて追いかけていくということはできないという前提で、目の前の自然現象を捉えています。たとえば、ミクロの世界の現象については「不確定性原理」といって、現象の観測とか予測も完全に解析的にはできないというものです。たくさん集めて平均をとると統計的に法則などは予測ができるけれど、それ以上のことはできないので、一個一個の粒子がどう動くかみたいなことは確率的にしか予測できないというのが、量子力学の考え方なのです。そういう意味では、逆に、そこに不確定性があって揺らぎがあるからこそ新しい構造が生まれるというのが自己組織化の考え方で、複雑系の科学というのはそういう思考方法で動いているのです。

そういう意味では、「自然というのは完全に人間が法則的に捉えて、予測可能なものとして考えて、すべての要素を洗い出して、その要素の動きを全部きちっと理解することができれば、未来もわかるし、すべてがわかる」という考え方は、思想史では「機械論的原子論」とされます。「原子のような要素の振る舞いを一個一個押さえて、それを機械のように組み立てて、法則で追いかけることができる」というものです。それが基本的にはニュートン力学を起点とする近代科学の世界観なのです。他方、核兵器を作り出した科学的知識は、二〇世紀以降のものです。基本的に相対性理論と量子力学という二〇世紀の物理学が、核兵器を作るために必要な知識を生み出した。

そうすると、たとえば相対性理論の場合だと、物があるというのは、「物体がある」というよりも、「時空が揺らぐ」と捉えられます。時空が歪み、時空が揺らぎ、その揺らぎや歪みが伝わっていくことが、力が働き物が動くというイメージです。それに対して、量子力学の場合も、やはり一個一個の粒子の振る舞いを完全に解析的に予測できなくて、揺らぎがあって、曖昧さがあって、だからこそその曖昧さや揺らぎの中で、原子や分子が集まってより複雑な構造を作っていくことができるということです。そういう曖昧さがあってこそ自然の本質であるというのが、量子力学の考え方なのです。

近代科学では自然と人間をはっきりと区別して、人間は自然の外から自然を対象的に認識するという自然認識の枠組みがありました。しかし、量子力学以後の現代科学では、人間を含んだものとして自然をとらえ、自然の一部である人間が自らをその一部として含む自然を認識するという自然認識の枠組みをもっているのです。自然認識にともなう不確定性、つまり曖昧さや揺らぎは、そうした自然認識の構造から必然的に生じるものということになっている。現代科学が自然現象を確率で追いかけ、統計で理解するしかないのは当然のことということになるのです。人間を含む自然の無限に多様なふるまいが、その一部である人間の働きを通じて明らかにされるというわけですから、単純明快なことにはならないというわけです。そんな現代科学の自然認識は近代科学とは異なるのですから、それによって作られる道具や機械と人間の関係も当然のこととして変わってくることになります。

核兵器というのはそういうレベルの知識を使って作られています。しかも核兵器はとても複雑であり、地球的な規模で展開するネットワークを必要としていて、そこには非常に複雑な部品や要素がいっぱい入っています。さらに、そこに人間が張り付きます。現在、複雑で巨大なテクノロジーが事故を起こすときというのは、ほとんど人間のミスによるものです。非常に複雑な構造の中で運用されているので、「ミスしない人間を配置すればいいんだ」という話にはならない。限定核戦争についての議論も、「核兵器と人間が作り出すシステムのこういう複雑な特徴からいって、限定的使用はそもそも不可能であろう」ということが、結局、「相互抑止を安定させる方向に行こう」という流れになったのです。

二〇世紀以降に登場してきた、そういう量子力学以後の現代科学が持っている自然認識とか、もっと大きく言えば世界観というのは、くり返しますが、近代科学の世界観、ニュートン力学の世界観とは違うのです。核兵器が作り出した状況というものを、その核兵器が作り出した科学的な知識が背負っている世界観みたいなものと併せて考えてみる必要があるのではないかというのが、現在の僕自身のいちばん大きな関心です。

西田哲学の再評価を

もう一つの僕の関心は、相対性理論や量子力学が持っている世界の捉え方とか論理構造というのが、じつは西田哲学とすごくよく似ているのではないかということです。西田哲学と現代物理学との関係、西田哲学から出てくる世界の捉え方を今、主要な課題として考えています。

西田の門下生たちが唱えて一時期物議を醸した「世界史の哲学」という考え方がありますが、彼らとは少し違った意味で、核兵器が登場して以降の、不可逆的に進んだ世界の変化みたいなものをちゃんと捉えていくことが必要です。そのために、核兵器が作り出している状況と、核兵器のもとで抑止として起こっている状況と、それを作り出した科学的知識、社会認識を包括的に捉える哲学として、西田哲学を基礎にした歴史哲学を打ち出すことが求められます。そうした世界史の哲学がほしいということです。

先ほど、孫子や老子について述べた箇所で、東洋思想と西洋思想の交流について指摘しました。そういった点でも、東洋思想と西洋思想の出会いから交流を経て、それを統一する哲学を生み出した西田哲学の重要性に注目すべきではないかと思います。核兵器の登場が西洋思想と東洋思想の出会いと交流の契機になったという観点で考えると、西田哲学を世界史のパラダイムとしてとらえ直すことで、核兵器が作り出した構造を核兵器なしで継承するための手がかりがつかめるのではないかと考えているのです。

3、抑止を超える思想はどこにあるか

これまで、核兵器が登場し、「核抑止が持っている、曖昧さがあるからこそ成立する」、「曖昧さがあるからこそ自己組織化して構造が出来ていく」過程を見てきました。そこから更に進んで、核兵器が登場したことによって作られた不可逆的な構造の変化をふまえ、「長期的には核兵器が作り

出した構造を核兵器なしに受け継いでいくことは可能かどうか」を考えることが、ここからの課題です。

✝地球的規模のネットワークの時代に

「意見を支配する力」

E・H・カーは「世界を動かす三つの力」と言っています。一つは「軍事力」で、もう一つは「経済力」で、最後は「意見を支配する力」だというものです。心理的なイメージの操作とか情報という点で言うと、E・H・カーの言う「意見を支配する力」が決定的に表に出てくるきっかけになったのは、やはり軍事力の直接的な行使が難しくなったことです。軍事力に箍を嵌めた核兵器の存在というのが、「意見を支配する力」を支えるものになっています。

さらに、地球的規模で構築されたネットワーク・テクノロジーが作り出す情報空間は、E・H・カーが考えたのとはかなり違った意味で、「意見を支配する力」の役割を増大させているといっていいと思います。ネットワークにデジタル端末でつながれば、だれでもいつでも自由に情報の発信ができ、そのような情報空間に中心はなくて、だれでも中心になれるとともに、だれも特権的なポジションを占めることはできない。しかも発信者と受信者が情報の交換を通じて、リアルタイムに入れ替わる。発信者と受信者の相互作用によって、人と人との対等な横の関係が作り出されていく。そんなネットワーク・テクノロジーが切り開いた可能性はもっと評価されてもいいのではないかと感じています。

そしてそこには膨大な知識と情報が蓄積されているけれど、それはだれのものでもなくて、だれでも自由にアクセスできる。知識と情報の私的所有による独占は著しく困難で、そこには社会的所有ともいうべき状況が生まれている。ネットワークに蓄積された知識と情報は、国家や権力によって独占された「意見を支配する力」を無化し、地球的規模で人と人との関係を新しく構築していくために、みんなで「意見を支配する力」を共有していくことを可能にするものになっていくと思います。

そんなネットワークが地球的規模で形成されていこうとしていることは、これからの社会のあり方を考えていくとき、とても大きな力を与えてくれるのではないでしょうか。

人間を含んだシステムとして捉える

さらにＡＩの登場は、それが新しいステージに来ていることを意味してるようにも思えます。ＡＩがネットワークとつながって地球的規模のシステムができていくと、それが人間とどういう関係をつくっていくかが大きな問題になっていきます。ＡＩについては、人間と独立に独自の発展をとげ、人間を超え、人間に敵対したり、人間を支配するといったSF的なイメージではなくて、人間を含んだシステムとしての可能性を考えていくべきだと思います。

そう考えるほうが、人間を含んだ自然を考える量子力学の自然認識とも整合的だし、複雑系の科学の考え方とも合っている。それだけではなくて、自己と世界を区別して、自己から世界を考える西洋の哲学に対して、自己を含んだ世界の中で世界を考える世界認識を確立した西田哲学の世界観とも、無理なくつながっていくような感じがします。近代科学に代わって登場した現代科学や、東洋思想と西洋思想を統一する哲学として登場した西田哲学の自然観や世界観の意義は、すごく大きいと思うのです。みんな近代科学と現代科学の違いに気づかないまま、現代科学の成果を享受しているけれど、現代科学の成果はそうした世界観を身におびた科学的な知識の所産だし、核兵器もネットワーク・テクノロジーもそうした世界観を刻印されたテクノロジーだということをふまえて考えていくべきだと思います。

冷戦終結以後の抑止の概念というのは、ひたすらぼやけてきています。冷戦時代に通用したことであっても、未来永劫通用するわけではないのに、抑止をあたかも軍事力の本来的な役割のように理解している人がいます。しかし現在、「軍事力を強めていって相手を脅かせば平和が来る」とか、「国が守れる」とかというような議論は、そうとう違うのではないのかと感じます。

核兵器というのは、「それを持つと、持ったやつが制約される」ということが、歴史的に見えています。たとえば、インドとパキスタンは、両方が核兵器を持って以降、それ以前ほどカシミールで撃ち合いをしていません。そういう意味では、グローバルな相互抑止の構造が壊れたけれど、やはり原理的な思考とか、国家と国家が対立する局所的なところでは、ある種の相互抑止の構造というのは、細分化して拡散してなお残っていて、効いているという面はあるのでしょう。アメリカと中国の関係でも、そういう面があるかもしれません。

核兵器の存在が世界史をせき止めた

米ソ対立は二極構造だと言われましたが、実際に保有していた核兵器を考えると対等な二極ではなく、一・五対一かそれ以下だとよく言われていました。実際に核抑止が相互に効く場面というのは、「力学的に均衡するから抑止する」というものではなくて、結局、「核兵器を持ったら、持った者同士がお互いに自制し合う関係ができてしまう」というものでした。それが逆に、核や軍事力以外のところのいろいろな関係を作り出すというのが、先ほど紹介したボーフルの言っているところです。そういう構造がトータルに見て戦争をやりたくてもできない状況を作り出している。

一方、「金正恩は常識が通じないからやるかもしれない」というイメージは、瀬戸際戦略のときにはものすごい力を発揮します。そこはものすごく上手に使っている。トランプにしても、「あいつは何するかわからない」というところが抑止力だ、という見方もある。それがまさしく、ハーマン・カーンが昔言った「非合理性の合理性」です。しかし、そういうふうなところであまり振り回されないほうがいい。

もともと軍事力というのは、主権の発動を究極のところで担保するものですから、主権のシンボルそのものだったはずです。ところが、核兵器が出てきたおかげで、主権のシンボルであるはずの軍事力が、主権の行使を難しくするというパラドックスに陥ってしまった。そのパラドックスの中で、でもみんなやはり主権にこだわっているから動きが取れなくなっているわけですが、そうかといってそう簡単に主権が放棄できるわけでもありません。一定程度、主権を自主的に返上するような実験をやったEU統合みたいなことまで含めて、主権国家というのが昔ほどくっきりした輪郭は持っていないし、昔ほど強力な問題を解決する力も持っていないのですが、まだそれに代わるものがないため、やはりみんなまだ国家に執着するようなところがある。

逆に、その国家があまり頼りにならないと思えばこそ、かえって国家に執着するような形で、ナショナリズムがそれぞれの場所で表出したりして、ある種の袋小路に陥っている感じがします。逆に言うと、核兵器という存在が世界史をせき止めてしまって、みんなその周りで袋小路になって回っているという状況です。それがじつは抑止の本質なのではないでしょうか。

†誰もが拒否権を持つ時代に

さらに僕が思っているのは、今やはり、ネットワーク・テクノロジーが世界的に広まった結果、戦争の舞台もサイバースペースに移ってきている問題です。「みんなが核を持てばユニット・ベトー（個別の拒否権）になるから平和になる」という発想がありますが、核を持たなくても今のネットワーク・テクノロジーを使うと、テロリストだってすごいことができてしまいます。パソコンでもスマホでもタブレットでも、一個持っていると、発信もできるし攻撃もできてしまう。ネットワーク・テクノロジーの性能が上がってくると、世界中の一人ひとりの人間がなにがしかの端末を持てば、みんなユニット・ベトーを持ったことになるのです。核兵器を持たなくてもそういう状況が将来的には作り出せるとしたら、核兵器が作り出した構造を核兵器なしで引き継ぐという状況になってきます。今、サイバースペースでの闘争とかハッキングとか、いろんなことが起こっているのは、そういうことに至る過渡期として捉えられる面があると思います。

地球的規模の構想力が不可欠

もう一つ、「そういうネットワークとＡＩがつながったらいったいどうなるんだ」という話は、もう核兵器どころではないような課題を生んでくると思います。なぜかというと、そういう形で世界がネットワークにつながると、なにがしかの拒否権をみんなが持つことになるからです。核兵器を持たなくたって拒否権を持てるという状況を作り出せるかもしれないというようなイメージです。

こうやって、核兵器が作り出している状況を、核兵器なしでなにがしか継承していけるような構造を作らなければならない。そうしないと、袋小路は永遠に袋小路のままです。そういう意味では、AIの問題とか、ネットワーク・テクノロジーが非常に高密度に地球全域を覆っていっている状況は、核兵器よりももっと大きな力があるのかもしれない。

つまり、核兵器は地球的規模の破壊力を作り出したのだけれど、ネットワーク・テクノロジーは地球的規模でそれをどうやって使うかという、地球的規模の構想力を要求している。そういうネットワーク・テクノロジーを活用する地球的規模の構想力だけが、核兵器の地球的規模の破壊力が作り出す袋小路を抜けることができるのかなと思います。

先ほどの物理の話に戻りますけれど、量子力学の世界に「トンネル効果」という言葉があります。トンネル効果というのは、普通だったら壁があって、壁にボールをぶつけたら絶対に跳ね返ってきて通り抜けないはずなんですが、量子力学の世界だと、壁があっても一定の確率で通り抜けるのです。それを活用したのが江崎玲於奈さんのトンネル・ダイオードです。絶対に越えられそうもない壁が、トンネル効果で越えられるみたいなことが起こり得るのが現代科学です。ネットワーク・テクノロジーが高密度で世界中に広がって、いろんな人間がかかわって、ある種の社会現象でトンネル効果が起こって、そういうところからブレイクスルーが生まれるというようなことが、現在の段階ではあまり具体的な話は出来ないのですが、量子力学と類似のイメージとしてそういうことは考えられるのです。

たとえばベルリンの壁が壊れるときもそれを感じました。まず、東ドイツでポッと壁を壊しました。あれは世界史のトンネル効果みたいなところがあり、それをきっかけに一気に状況を変えることになりました。江崎さんの場合もそうだけれど、トンネルがあって、この壁をポッと通ると、そこからバッとカスケードが起こるのです。なだれのようなものです。そうすると、ベルリンの壁が壊れる直前に、チェコとの国境がポッと開いて、バッと一気にカスケードが起こった世界史のトンネル効果ではないか。僕はもともと物理屋ですから、そういうイメージで考えています。

そういう意味では、「みんなが核を持てば平和が来る」という、その核兵器以上の威力を、今、みんな一人ひとりが持っている状況が生まれつつある。それに気がついていないけれど、そうなっているという状況だと思います。

AIと人間を含めた全システムの話

そこには同じ科学的な知識が使われています。核兵器も、ネットワークも、AIも、同じ知識が使われています。同じものの両面という捉え方があまりされていないから、問題が見えていないのですが、核兵器が作り出した状況というものがあって、その状況を引き継ぐものがネットワークなのです。核兵器自身が機械と人間が一体となったシステムとして出来上がってきていて、だから予測不可能な動きをするものとして、「結局、限定核戦争はできない」というところに来ているのではないでしょうか。

それは、今あらゆる分野で扱っている複雑系の科学の考え方と同じなんです。複雑系の科学は、人間を含んだ自然があって、自然のいろいろな要素と、多様な人間を含めて、それが全部つながっていると世界を理解しています。だから、ＡＩがネットワークでつながったときにどうなるかというより、ＡＩと人間を含めた全システムがどうなるかというところを、本当は知らなければならない。最後は人間になるのです。

どこまでいっても人間を一〇〇パーセント理解することはできません。そこに不確定性なり不確実性が残ります。一〇〇パーセントわかったら、勝つやつと負けるやつも一〇〇パーセントはっきりして、戦争も一気に終わる。ですから、不確定性や不確実性が抑止を成り立たせているというのは、近代合理主義では理解できないことです。それは逆に言えば、抑止理論というのは、近代合理主義の行き着く果てだということです。

合理的に判断するという共通の価値観のうえに抑止理論が成り立っているという考え方こそが、

近代合理主義の産物であり、核兵器の登場は、世界史が近代合理主義の究極の限界に直面したことを意味していると考えることができます。だから、近代合理主義の中で答えを探していても、いつまで経っても答えが見つかりません。近代合理主義に代わるものの中に見つけなければならないのです。

曖昧さがあるからコミュニケーションが必要に

最近おもしろいと思っているのは、動物の世界のことです。ホッブズは自然の中でみんな自分の利益のために動くというようなイメージで、それを自然状態と言っているけれど、むしろ生き物は共生のほうが当たり前です。困ったやつに分け与えるみたいな行為をする場合も、生物現象の中で最近いっぱい発見されて指摘されてきているし、そちらのほうがむしろ普通だと考えられています。だから、近代合理主義では生命の本質なんて理解できない。それを合理主義というフィクションで秩序付けてきたのが近代だといえるのではないか。

秩序を作るということは、エントロピーを縮小させることです。逆に言うと、不確定性、曖昧さや揺らぎがあると、自己組織化が起こり、エントロピーを減少させて、秩序が出来るのです。ですから、曖昧さを減らしていって秩序を作るのではなくて、曖昧さが秩序を作っていく。曖昧さがあるからこそ、人と人とはつながるということです。それがコミュニケーションなのです。相手が完全に同質のもので、すべてわかっているのだったら、コミュニケーションを取る必要はありません。異質だからこそ、コミュニケーションを取ることによってしか自己組織化は進まない。

冷戦構造は米ソによる核兵器の共同管理の構造で、イメージをお互いに投げ合って共有し合っていた。イメージを投げ合うということは、コミュニケーションということです。

そういう米ソの関係を米中が作れるでしょうか。冷戦が終わったあとの新しい展開になっていて、同じ条件ではないから、同じように作る必要はなくて、たぶん別の形が何か出てくると考えたほうがいいでしょう。米ソの場合はある程度、共通の価値観を持てたのは、どちらもキリスト教とギリシア哲学という背景を共有しているからです。ゴルバチョフの「欧州共通の家」みたいなものは、そういう背景の中であった。中国とアメリカのあいだにそれがあるのでしょうか。

米中はどちらも世界帝国の末裔だということは共通している。だから、世界史的な枠組みでは、「中華帝国とローマ帝国というのがどのぐらい共通項を持つか」という議論になっていく可能性はあります。中華帝国とローマ帝国というのは、どちらも安定した帝国の枠組みとしてほぼ同時代に興っていて、中国とアメリカはその末裔です。だから、結局、米中関係がどうなっていくのかは、中華帝国とローマ帝国の時代にまでさかのぼった世界史解釈の中でしか議論できないのではないかと思っています。そういう意味でやはり、世界史の哲学が要るのです。国際政治学や国際関係論の中で西田哲学が話題になるような状況にはなっていますが、世界史のパラダイムとしての西田哲学についてはもっと注目していいと思います。

†冷戦後の時代にふさわしい思想を

最近の言説の中には、冷戦の時代は世界史の中ですごく特殊で異常な時代だったので、「冷戦が終わったから正常な昔に戻ったんだ」みたいな思考回路があります。なのに、冷戦時代に起源をもつ「抑止力」という言葉だけは残って、冷静以前の軍事力の役割をそのまま担って使われている感じがします。軍事同盟を強化することが抑止や抑止力につながるという発想も根強くあるように思います。しかし軍事同盟と抑止に直接の関係はありません。

戦略空間の構造が変わった

第一次大戦の時も、軍事同盟同士が対抗し、それが戦争になってしまいました。第二次大戦では、たとえば松岡洋右なども、「三国同盟とソ連を結んで、英米に対抗して平和を守るんだ」みたいな大風呂敷を広げて、結局戦争になってしまった。同盟さえあれば抑止力が効くというのは嘘っぱちで、「冷戦構造の中で同盟が抑止力を担ったのは核兵器の巨大な破壊力とセットだったからだ」という話です。ところが、核戦争の起きる可能性に対してみんなあまりリアルに感じなくなってしまったら、同盟は抑止力を担保するものにならないというところがポイントだと思います。その意味をきちんと考えなければいけません。冷戦後の戦略空間の中ではネットワークとかサイバースペースとかのほうが、核兵器よりももっと大きな破壊力を持っているので、そこのところで考えたときに、冷戦以前の非常に固定的な戦略空間の中での軍事力の役割を、そのまま単純に、よく考えずに「抑止力」と呼んでいるのはおかしい。

冷戦以前と冷戦の時代と冷戦後では、戦略空間の構造が変わっています。

バランス・オブ・パワーは、結果として戦争を回避するのに役立ったこともあるけれど、役立っていないこともあります。それなのに役立たなかったことは忘れてしまって、冷戦後になっても軍事同盟の中での軍事力の役割に、そのまま「抑止力」というラベルを貼っているのが現状です。冷戦時代は、価値観とか行動規範みたいなものを一定の水準で共有していて、理性的な思考回路みたいなものを共有していた。核兵器が天井を打っている中で、ある一定の役割を果たしてきた「冷戦構造の中での抑止」みたいなものは、そういう条件の中で成り立ってきた。それを丁寧に見ていくと、現在、同じことが成り立っている状況はほとんどありません。にもかかわらず、「抑止」とか「抑止力」という言葉が、万能の呪文のように使われている。

力学的に作った構造が安定することはありません。冷戦の時代においても、米ソ両国がたぶん軍縮会議のテーブルに付き、まとまろうがまとまるまいが対話を続けていたこと自身に意味があった、というようなところがあるのです。それがじつは相互抑止の構造を成り立たせていた。バランス・オブ・パワーの考え方でも、静的均衡と動的均衡という二種類があり、動的均衡がいわゆる相互抑止になっていくのです。しかし、実際に考えてみると、我々はいつもある一定の時間を切って、そこを平面的に考えているけれど、現実には時空間は常にあるわけで、その中でお互いにコミュニケーションをずっと取り合っていくのです。言葉も含めて、お互いにずっとコミュニケーションをとって、それで秩序を維持していく。こうして時間の流れの中で動的均衡が維持されるのです。

たとえば一九世紀のヨーロッパですと、ビスマルクがそれをやっていた。だから、ビスマルクがいなくなったあとから、非常に力学的な同盟の静的均衡みたいなほうに傾いて、第一次大戦に流れていくのです。どんな均衡であろうと時間は流れているから、均衡は絶対に動的プロセスなのです。だからビスマルクは、黙って動かなかったのではなく、その都度その都度、ああやってこうやってと動いていた。ビスマルクはそれでヨーロッパの平和を維持してきたのです。

そうした動的均衡の中でコミュニケーションは維持されます。だから、結局、抑止力信仰というのは、ある種のコミュニケーション障害なのです。「力を作って力を見せつければ相手は黙るだろう」というのは、コミュニケーションとは言えない。しかも、生態系も地球のシステムも人間の世界も全部複雑系で、いろんな要素を常に考慮しながら動いていくのです。多様な場面で多様な要素が折り重なっているのです。それなのに、抑止力に関して、「特定の平面で、非常にスタティックな力学的な勢力均衡みたいなものがあると大丈夫」というような議論になっているのはおかしい。

その結果、抑止を強化すると言いながら、挑発をして非常に不安定な戦略環境を作っているという感じがします。現在の日本における抑止力の議論は、「どちらかにくっついて一緒にやることがいいのか」みたいな感じです。その発想自身が、たぶん松岡洋右っぽいものです。

反核運動の役割も変わっている

ノーベル平和賞をもらったＩＣＡＮの活動と核兵器禁止条約の採択についてどう理解したらいいかという問題も大事です。冷戦の枠組みの中で反核運動が偶像崇拝のお祭りの役割を果たしていたことは確かだけれど、ＩＣＡＮの活動と核兵器禁止条約の採択は冷戦後、核兵器がなくてもいい世の中に向かってきたことを示すものとして、冷戦時代とは意味が変わってきているのではないでしょうか。

かつての反核運動とＩＣＡＮが違うのは、民衆によるＮＧＯの運動が各国の政府と、けっこう一緒になってやっていることです。反核運動のころにはあまりそういう動きがなく、国家の枠組みは国家の枠組みであり、それとは別に反核運動があるというものでした。反核運動が国家の枠組みとは独立に偶像崇拝のお祭りをやっていた感じです。

そういう時代の反核運動や、ヒロシマ・ナガサキの被爆者の語り部さんたちと、ICANをやっている人たちは、かなり違うところがあります。その違いをどれだけどのように評価していくかという課題がある。現在、NPTの再検討会議でも、非核保有国の政府と市民団体が一緒にやっています。

つまり、昔はすべての国家が核兵器を持った米ソによって組織化されて、それが核という偶像崇拝の体制をみんなで維持していて、それを周辺で反核運動が取り巻いていた、という構造でした。核保有国と非核保有国とが、冷戦構造の中では一体化し、非核保有国は核保有国から核の傘を貰っている、みたいな構造になっていたのです。しかし現在は、核保有国と非核保有国とのあいだの意識のずれみたいなものがNPT再検討会議でも出てきている。やはり冷戦時代とだいぶ変わってきている点があります。

憲法九条と自衛隊のセットの思想

僕は以前、「核兵器は軍事力の自己否定という構造だけれど、わが国は憲法九条と自衛隊をセットにすると、核兵器が国際政治の中で持っている位置、特徴と同じものを、核兵器を持たずに実現できていて、一歩先に行っている」という話をしたことがあります。憲法九条と自衛隊をセットにすると、憲法九条のもとに置かれた自衛隊は軍事力の自己否定になるから、核兵器と同じ構造になる。だから、憲法九条のもとに自衛隊を保有しているということは、じつは国際政治の中では核兵器を持っているのと同じことなのです。しかも核兵器を持っていないから、核なき未来に一歩先に行けるんだ、ということです。そういうものを国際政治の中で、もっと日本のアドバンテージとして使う外交はあり得ると思っています。それなのに、日本は核兵器禁止条約に参加もしない。岸田外相（当時）は参加したかったが、安倍官邸がそれを阻止したということのようです。

要するに、憲法九条と自衛隊のセットは、核兵器が作り出した軍事力の自己否定という構造を、核兵器なしで実現しているということができます。憲法九条は広島・長崎の体験に呼応するものであり、広島・長崎の体験と憲法九条をつなぐ一本の道筋は、核兵器が作り出した構造を核兵器なしで受け継いでいく方向性を明確に示すものになっています。憲法九条のもとに置かれた自衛隊は、核兵器が作り出した構造を核兵器なしで受け継ぐことを考えるとき、重要な手がかりになる。憲法九条は核なき世界への道筋を示す世界の道標なのです。だから、自衛隊を憲法九条の制約から解放することは、そこに秘められた大きな可能性を封殺することに等しいと言うしかない。

憲法九条のもとに置かれた自衛隊を、むしろ世界史のなかで先進的な軍事力のあり方を示すものとして考えていくべきです。憲法九条をもつことのアドバンテージを活かしていく戦略は可能だし、そのような観点からも核兵器禁止条約に参加すべきだと思います。短期的には、核兵器禁止条約に参加したとき、アメリカとの同盟はどうなるのかという疑問は当然あると思います。核抑止力がなくなることに心配があるとは思います。しかし、アメリカは日本国内に核兵器を配備していないことになっているのだし、核兵器禁止条約に参加しても同盟関係にとりたてて問題が生じることもないのですから、長期的には大きなアドバンテージが期待できることに注目してほしい。

今はむしろ、アメリカは核を前方展開していったときに、テロリストに取られるのが怖いから前方からは引き揚げようという方向に向かっています。だから、日本が核兵器禁止条約に参加しても、さほど致命的なことは起こらないと思います。むしろメリットのほうが大きい。ところが日本政府は、核の傘に依存しているから、核兵器をなくそうと言ってはいけないというような、そういう思考回路で動いている。思考停止に陥っていて、出口が見えない。

冷戦末期のヨーロッパには、ＩＮＦが問題になったときですが、アメリカの核の傘をソ連に対抗する戦略上担保することは重要なので、「柔軟反応の戦略を核のレベルまで入れて、いちばん下まで全面核戦争につながるような構造を作っていくために、アメリカをつなぎとめておくことが絶対大事だから」というような発想がありました。今では、そういう発想はなくなっている。ですが、冷戦後の世界では、非常に厄介な部分で、局所的に冷戦的思考と冷戦的枠組みが拡散して残っています。世界の各地で残っていますが、その中でもやはり日本は特異な感じがします。

ＮＡＴＯの場合は冷戦後、東ヨーロッパの国々を加盟させたので、ロシアとの関係は厄介です。ロシアとの関係を考えると、そう簡単に軍事費は増やせない。

国際社会の構造変化をふまえて

けれど、それらも国家を単位とした国際政治の枠組みで考えているような気がします。今ではむしろ、テロリストやＮＧＯのような国家より下位の政治的主体の役割が大きくなっています。そういう意味では、国家というものの限界がいろんなところでさらけ出されていて、国家より上位の「超国家主体」や国家より下位の「亜国家主体」を、「国家主体」のほかに考える国際政治の見方がありますが、その用語を借りると、それらの超国家主体や亜国家主体が、国家主体のみを政治的主体とする国際政治の枠組みを揺るがしている。

中世で考えると、国家の下に領邦とか自治都市がありました。あのノリで亜国家主体があり、教会にあたる超国家主体もある。中世には教会と国家があって、封建領主とか自治都市があったのですけれど、そういうイメージです。

亜国家主体というものは、国家の下にあって、それだけでは国際条約には入ってこられない。ところがそれが、ある種の政治的主体として国際政治の枠組みに噛んで来ている。中世でも、封建領主や自治都市が、教会とつるんで国王と戦ったような構造が整理されていって、国家に一元化し、その結果、近代の枠組みが生まれました。それと同じように、現在も、現行の国際政治の枠組みが崩れてきているのです。国際機構という超国家主体と、国家主体と、テロリストやＮＧＯのような亜国家主体から重層的に構成される今日の国際社会は、主権国家から構成されるオーソドックスな国際関係の枠組みでは扱いきれなくなっている。そこに近代（モダン）という時代の限界が露呈していると言っていいのではないか。

そんな今日の国際社会の構造は中世ヨーロッパの政治の構造とよく似ている。世界史の現段階は前近代（プレモダン）の世界に類似した構造を示しているけれど、それは逆に世界史の現段階が近代の次の時代、すなわち後近代（ポストモダン）の世界の入り口に立っていることを意味していると考えることもできるのではないでしょうか。

その意味でも、世界史の哲学が必要とされているのです。量子力学が生み出した核兵器とネットワーク・テクノロジーは、現代史の両義性を象徴するものだし、それは世界史の現段階が過渡期にあることを意味しているということだともいえる。核兵器が生み出した地球的規模の破壊力は地球的規模の構想力を求めているし、ネットワーク・テクノロジーに秘められた巨大な可能性を人類が主体的にとらえ直していくことで、核兵器が作り出した構造を核兵器なしで継承することが可能になるのです。

おわりに

核兵器は国家の保有するものでありながら、国家を超えて国家を制約するものになっている。それは主権国家から構成される国際社会の枠組みの終わりを予告するものと考えるべきです。抑止にしがみついていると、そんな国際社会の枠組みに執着し、いつまでも国家から考えることしかできない。それは近代合理主義の断末魔の姿と考えるべきだろうと思います。国家を単位として、国家と国家の関係で世界を秩序づける国際社会に代わって、地球全域を単位とした地球社会の誕生を予期すべきではないか。それが地球的規模の構想力にもとづく新しい社会の姿ではないでしょうか。

核兵器の地球的規模の破壊力の前に立ちすくむだけでは何も生まれません。そんな地球的規模の破壊力に身の安全を委ねることなんてできっこありません。

一方、地球的規模で構築されたネットワークにしても、近代合理主義や近代科学の思考回路の中にとどまっているだけでは、地球的規模の破壊力として現象するしかないのです。ネットワーク・テクノロジーに秘められた巨大な可能性を、地球的規模の構想力を支える力としてとらえ返していければ、核なき世界への道が開けていくだろうと思います。現代は国際社会から地球社会への過渡期だということができ、核兵器の登場による地球的規模の破壊力はその起点となりました。そんな地球的規模の破壊力に呼応する地球的規模の構想力は、そうした過渡期の終点となり、新しい時代の起点となるのだと思います。

超国家主体と国家主体と亜国家主体が重層的に作り出す現代の国際社会の構造は、新しい中世のようにも見えます。でもそれは新しい中世として終わりになるのでもなく、新しい世界帝国の出現によって乗り越えられるのでもなく、地球社会の誕生につながる過渡期の最終局面に現れた現象なのだと思う。そうじゃないとモダンの終わりが、プレモダンへの後退になって終わってしまうからです。

ポストモダンの世界は、新しい中世でも、新しい世界帝国でもなく、地球的規模の構想力にもとづいて建設される地球社会になります。それは国家に一元化された世界を地球的規模で一元化するのではなく、亜国家主体の役割を正しく統合する社会でないといけません。世界を地球的規模で一元化しただけでは世界帝国にしかならないからです。地球社会は無限に多様な自然と人間の総体を、あるがままそのままに統合していく社会とならなくてはいけません。そう考えると、抑止理論はそんな過渡期に成立する理論であり、抑止のジレンマは過渡期の特徴を示すものだったといえるのではないでしょうか。

核兵器の存在は変更不可能な前提ではなく、抑止理論も所与のものではありません。核兵器の存在を変更不可能な前提と考え、抑止理論を所与のものと見なす思考回路の中に自足しているかぎり、世界史の袋小路を脱け出すことはできるはずもないのです。

冷戦後の世界で抑止と抑止力に執着するということは、世界史の流れをせき止めようとすることですから、決して成就することのない愚行というしかない。「抑止」という言葉は万能の呪文ではありません。そんな無内容で空疎な呪文を弄んでいても何も生まれません。そのような徒労に満ちた虚しい営みからそろそろ脱却すべきだと思います。

ネットワーク・テクノロジーの地平に開かれた無限に多様な世界に身を委ねることを恐れる必要はないのですから、そこから核なき世界へと一歩を踏み出していこうではありませんか。それを結論ということにしておきます。

Ⅳ

抑止と無縁な非対称戦の現状と課題

伊勢崎 賢治

はじめに――非対称戦は抑止力とは無縁

このところ僕は、後述するようにアメリカ陸軍がソウルで開いた会議に招かれたりして、陸戦のホットな議論に加わる機会に恵まれるようになりました。結論を先に申し上げますが、これらの場で抑止力のことは議論のテーマになりません。なぜなら、アメリカ軍、特に陸軍にとって、近未来の最大の戦争になるのは――現在もそうですが――、内戦や対テロ戦、つまり非対称戦だからです。

この分野の戦争は、通常戦力をいくら積み上げても、核弾頭の数を「帳簿上」いくら積み上げても全く意味がない。非対称の敵に、そんなものは通用しないのです。そういうなかで、抑止論が効く脅威にしがみついている日本というのは、ある種の現実逃避か、日米同盟と軍拡だけにすがっている既得利権集団のディフェンス・メカニズムに支配されているだけと言うしかないでしょう。本書のテーマである抑止の「先」を見据えるなら、非対称戦争の現実を知らなければなりません。

過激化とテロリズムの関係

この非対称の敵とは何か？　何がこれを生み出すのか？　なぜこの敵との戦争は終わらないのか？　それでも終わらせるには何をしなければならないか？　こんな問題意識で、ここ五年ほどの間、海外の研究者、実務家とともに共同研究をやってきました。その成果が商業出版されていまして、英語の専門書ですけれど、タイトルは『Radicalization in South Asia』。タイトルを無理に日本語にすると『過激化：南アジアにおける考察』ということになるでしょうか。

現在、「過激化」というと、即「テロリズム」に結びつけられるかもしれません。つまり非対称の敵を生むのが過激化であるかのように思われるかもしれませんが、この本の主旨は全く違います。むしろ逆です。

この本がインド、パキスタン、バングラディッシュ、スリランカなどのケーススタディで立証したのは、「過激化」、特に若者のそれをむやみに弾圧することが逆に「テロリズム」を生む、ということです。人間は歴史の中で、社会不正、政治腐敗、社会差別、構造的暴力への純粋な批判と行動を行い、公民権や人権という概念を発展させてきました。それは「ラディカル」なものでした。若者だと「生意気さ」にも通じるものですが、それは本来、社会改革に必須なものだったのです。

僕らが若かった頃は、まだそういうものが残っていました。この僕を生み出したのも、一九八〇年代にインドのスラムの貧民層を組織化し、社会改革の大きな政治力をつくることをキャリアにしたことでした。当時のこの業界の教祖は、アメリカのコミュニティー・オーガナイザーのソウル・アリンスキーでした。彼の代表的な著作『Reveille for Radicals: ラディカル達への起床ラッパ』は、僕らにとってバイブルのようなものでした。

ラディカリズムは必要である

ラディカリズムというのは、いわゆるリベラル左派が独占するものではありません。「変革」は保守にも必要なものです。だから、二〇〇九年のオバマ政権時に起こったアメリカの保守派のポピュリスト運動として知られるティー・パーティ運動は、このアリンスキー理論を使って運動を組織したと言われます。

ところが、現代のラディカルは〝肩身が狭い〟。現在、社会改革の概念の発展は、ある程度落ちついて、ポリティカル・コレクトネス（「ポリコレ」＝政治的正しさ）として定着してしまっています。そして同時に、自由経済のグローバル化が進行し、変革より「安定」が求められ、この「ポリコレ」を揶揄、もしくは敵視する傾向も生まれています。その代表格がトランプです。日本でもすでに始まっていますが、大学以上の高等教育のカリキュラム文化も、いかにネオコンが主導する経済発展に貢献するかに重点がシフトし、「生意気さ」を抑圧する傾向が強まっています。

それと同時に、イスラムという教義を敵に見立てる新しい戦争が始まっており、近年それが顕著になっています。一方で、イスラム過激派の活動が活発なパキスタンやバングラデシュでは、自爆テロなど激烈なテロ犯のプロファイルが、むしろ都市部の、何不自由のない裕福な家庭の、高学歴、特に理工科系の学生にシフトしているのです。

忘れてならないのは、「昔」であれば、過激化した人をつなぐ組織化の触媒は、かつての僕のようなそれを専門とする人間の関与でした。しかし、今は、ソーシャルメディアで人と人は簡単につながる。

個人が抱く政治や社会に対する単純な不満が――恒常的な圧政によって生まれる正統な民主主義的な手続きへの失望感もある中で――何が引き金になって、グローバルなイスラム原理主義に取り込まれ、どういう手順でそういう個人が組織化し、自らを含め多くの命を絶つ蛮行に結果するのか。それが明確にされてきませんでした。そして、はたして、その「予防」は可能なのかも明らかにされてこなかった。

それらの問題をダイレクトに扱った研究の成果が、先に紹介した本なのです。研究の対象としたのは、インド（特に印パ戦争の戦場となっているイスラム教徒の多いカシミール）、対テロ戦争の発祥地パキスタン、グローバルなムスリム決起の大義の一つになっている隣国ミャンマーのロヒンギャ問題で若者層の急激な原理化が進むバングラディシュです。さらに、忘れてはならない対象として、アジアの「9・11」と言われるようになりましたが、二〇一九年四月に起きた「イースター・サンディ・テロ」のスリランカ（実行犯は、同国の少数派のイスラム教徒ですが、問題は、彼らを追い詰めた多数派仏教徒の過激化です。テロを誘発する過激化現象は、常に、reciprocal「相互的」なのです）を取り上げています。これらの国の第一線で活動する研究者、そして実務家と五年間の共同研究をした成果なのです。

「テロ化」と「過激化」は区別しなければならない

テロに発展する過激化の仕組みは、それぞれが複雑で新奇で、類型化が難しい。しかし、一つだけ共通して言えることがある。

それは、「テロ化」と「過激化」は、同じモノとして対処してはならないということです。「テロ」への対処に強制力が必要なのは言うまでもありません。しかし、「過激化」を力だけで抑え込んでしまうと、よけい「テロ化」を促進してしまう、ということです。

これが難しいのです。特に「生意気さ」を忌諱する現代においては難しい。国家権力は、「過激化」を「テロ化」と同じ脅威として容赦なく弾圧してしまう。そうすると政治的な行き場を失ったラディカルはテロ化してしまう。堂々巡りになるのです。

パキスタンやバングラデシュは「テロ化先進国」ですから、当然、それに対処するためのいろいろな努力がなされています。もちろん治安当局、そして教育者や宗教者によって。そういう、時には敵対し合う当事者たちの実践を評価したものが前掲書なのです。洋書ですが日本のアマゾンのサイトでも買えますので、ぜひ、お読みください。

繰り返しますが、この「テロとの戦い」では、通常戦力によるものであれ、核兵器によるものであれ、「抑止論」が全く成り立ちません。そういう脅威が相手なのです。そして、これこそが、現在と近未来において、人類が直面する最大の戦争なのです。抑止力の議論に時間を費やすなら、その何十倍もの時間をこの問題に充てなければなりません。

このグローバルな非対称の脅威は、「内戦の国際化」とも言えます。この内戦処理を先駆的に扱っているのが、国連平和維持活動（ＰＫＯ）です。それをとりまく劇的に変化する現状と戦略の試行錯誤について述べたいと思います。

本稿の目的は、これらＰＫＯに代表される非対称戦の現状と課題を明らかにすることです。その結論として言えることを先に述べておきます。

それは、自衛隊は使いものにならない、ということです。そしてそれは、ＰＫＯ「以外」の自衛隊の海外活動、すなわち「有志連合」のようなものにもそのまま当てはまります。自衛隊が指揮権を委ねる多国籍軍の統合司令部の観点からは、自衛隊は単に使えないのです。

僕は、陸海空の精鋭たちを教育する自衛隊の統合幕僚学校で教えはじめて、もう一一年になります。実は、今から述べることは、すでに現役の自衛官たちにも聞かせています。自衛隊は使えないというようなことを、防衛省の、それも将来の幕僚監部だけを教育するカリキュラムで教えることに問題はないのかと思われるでしょう。しかし、今のところ苦情は全く来ていません。受講生の反応は、「静かなため息」とともに、良好です。

そんなことを言うと、護憲派から、「わあ、それじゃあ、もう出さなくていいじゃないか」と喜ぶ声が聞こえてきそうです。しかし、これは、護憲派が喜ぶべきことではありません。使い物にならない自衛隊の海外派遣をなぜ止める力がないのか、使えない自衛隊の軍拡をなぜ止められないのか、そこを問わなければなりません。安倍政権のせいにするだけではダメで、〝政権にかかわらず〟これがずっとくり返されてきた歴史を、真剣に総括しなければなりません。

1、先制攻撃を任務としたPKOの現状

†「住民の保護」任務がもたらしたもの

コンゴPKOの先例

二〇一五年、僕はコンゴ民主共和国を現地訪問しました。国連平和維持部隊、いわゆるPKFの現状を知るためにです。兵力は全体で約一万五〇〇〇人です。

左の写真はその時のものです。この写真の部隊はPKFの中でも特殊でして、FIB（Force Intervention Brigade）と言います。日本語では「介入旅団」と訳されています。コンゴ民主共和国

の内戦は、なんと過去二〇年に約六四〇万人の一般市民が犠牲になっています。東京の人口の半分ぐらいです。

このＰＫＯの主要任務は「住民の保護」です。どういう経緯で、これが現在の国連ＰＫＯの主要任務になったかはあとで説明しますが、住民の保護を任務に常駐しても、結局、住民の犠牲が止まらない。そこでしびれを切らして二〇一三年、安保理は異例な決議を採択しました。ＰＫＦによる「先制攻撃」を許可したのです。

住民の保護というマンデートだけでは住民を守り切れない。通報を受けてＰＫＦが駆けつけても、時はすでに遅し。大量の住民が殺され、傷ついている。「どうしようか」と悩んだ結論がそれです。国連史上初めて、ＰＫＦに先制攻撃が許されたのです。その部隊が、この通称ＦＩＢ（介入旅団）

なのです。

先制攻撃とは何か。軍隊を動かす理由づけというのは、国際法上の基本概念はすべて「自衛」です。武力攻撃を受けて初めて交戦を開始するということになっている。従来のＰＫＯはまさにその具現です。武力攻撃もされないのに武力を行使する先制攻撃は許されてこなかった。

先制攻撃とは、日本の警察が、暴力団のアジトに麻薬とか銃などが集まっているという確たる証拠を得て、裁判所の許可を貰って押し入る。その際、抵抗されたら当然武力も使った強制措置を行うことです。これは国内の警察行為ですが、それを多国籍の軍隊がやるということです。

ＰＫＯの軍事化はどんどん進んでいる

最近のＰＫＯはドローンも標準装備しており、「軍事諜報」が発達しています。「この武装集団が危ない。過去にこんなこともやっているぞ」とわかるので、次に住民殺害に出る前に叩けるようになっています。つまり外国の軍隊が先ほど述べたような警察行為をやることが可能になっているのですが、これが拡大解釈されると、軍事諜報が恣意的に作為されて開戦できることになりかねず、そうなると国際慣習法に反する行為を当の国連がやることになります。さすがにそれを恒常的に許可するわけにはいかないので、当該安保理決議は、「これを前例にしない」こと、そして「対象はM23という凶悪な武装組織だけ」という条件付きで、このコンゴ民主共和国のＰＫＦに、先制攻撃を承認したのです。

これは成功しました。M23の「無力化」に成功しました。それならその時点で任務は終了ということになるはずです。ところが、それでＦＩＢはおしまいになったかと言うと、いまだに機能しています。先ほどの写真は、M23が掃討されてから一年後、コンゴ民主共和国国連ＰＫＦの最高司令官とともに、そのＦＩＢの最前線を訪問した時の写真なのです。

コンゴ民主共和国だけではありません。南スーダンＰＫＯから自衛隊が撤退する契機となったのが「ジュバ事件」ですが、この事件を受けて安保理は、南スーダンＰＫＯに同じように先制攻撃のマンデートを持つ部隊を設置することを承認しました。ＲＰＦ（Regional Protection Forces）地域防御部隊です。つまり、コンゴ民主共和国が前例になり、次の事例が生まれてしまったわけです。

僕は、人道主義、人権というグローバルなポリティカル・コレクトネスが支配する近未来において、国連平和維持活動の「警察化」は限りなく進むと思います。事実、現地警察の訓練や側面支援が主任務だった国連文民警察（UN Civilian Police）も、現在、どんどん〝軍事化〟しています。それが、適当な日本語訳が見つかりませんが、Formed Police Unitsというものです。この外見と装備は、もうＰＫＦと見分けがつきません。いまやＰＫＯの〝世界警察化〟はとどまるところを知らず、自衛隊による「駆け付け警護」なんて、もう出る幕はないのです！

先ほどの写真の中に一人、そのＰＫＦの最高司令官が写っています。背を向けて歩兵みたいな格好をしているからわかりませんが、左から二番目です。サントス・クルーズ（Santos Cruz）。ブラジル陸軍の中将です。今は、軍をリタイアして、国連本部の中枢で、このような「ＰＫＯ改革」を推し進める中心人物です。

†ＰＫＯの現状を理解するために

ＰＫＯでも中国には適わない

次に、いくつかの画像をお見せします。二〇一八年の一二月に、この「ＰＫＯ改革」の一環として、国連本部ＰＫＯ局の中の軍部門ＯＭＡ（Office of Military Affairs）と韓国政府が主催したソウルでの国際会議があり、講演を頼まれて参加しました。そこで他の講演者（ＩＰＩ：国際平和研究所、アメリカのシンクタンク）が使ったものを数枚、今の国連ＰＫＯを理解するに都合がいいので使わせてもらいます。

最初の画像です。マルが三つあります。

上のマルは、現在の常任理事国を含む安保理メンバー国です。下の左のマルは、ＰＫＯに兵を出している派兵国のトップテンです。もう一つ、右側のマルは、国連ＰＫＯへの本体予算の拠出国トップテンです。

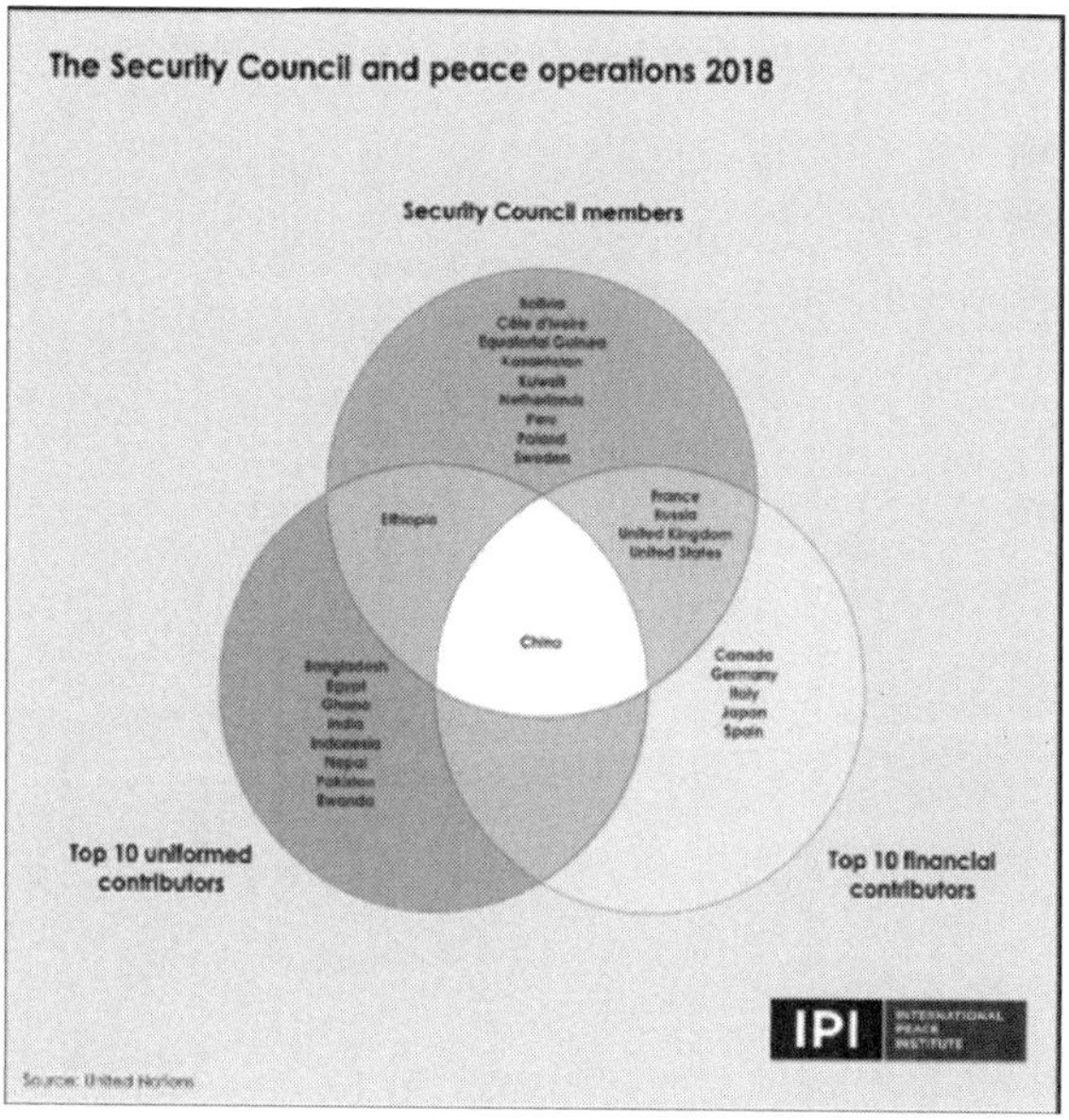

この三つの条件を満たす国があります。すなわち「トップテン・金を出す」、「トップテン・兵を出す」、なおかつ「常任理事国」です。その国は一つしかありません。中国です。

ＰＫＯはすでに――これからもそうですけれども――中国の時代になっているということです。日本人は、ここをまず頭の中に入れるべきです。この分野で中国に対抗意識を持つなど、もう考えないほうがいいと思います。

次の画像です（次頁）。これは一九九〇年から二〇一七年までのアフリカ、アジア、ヨーロッパ、北アメリカ、オセアニア、南アメリカ、大陸別のＰＫＯへの派兵実績です。

近年は、やはりアフリカとアジア諸国が他を引き離しています。ヨーロッパ、北アメリカは、低く横ばい。紛争そのものの歴史的な原因

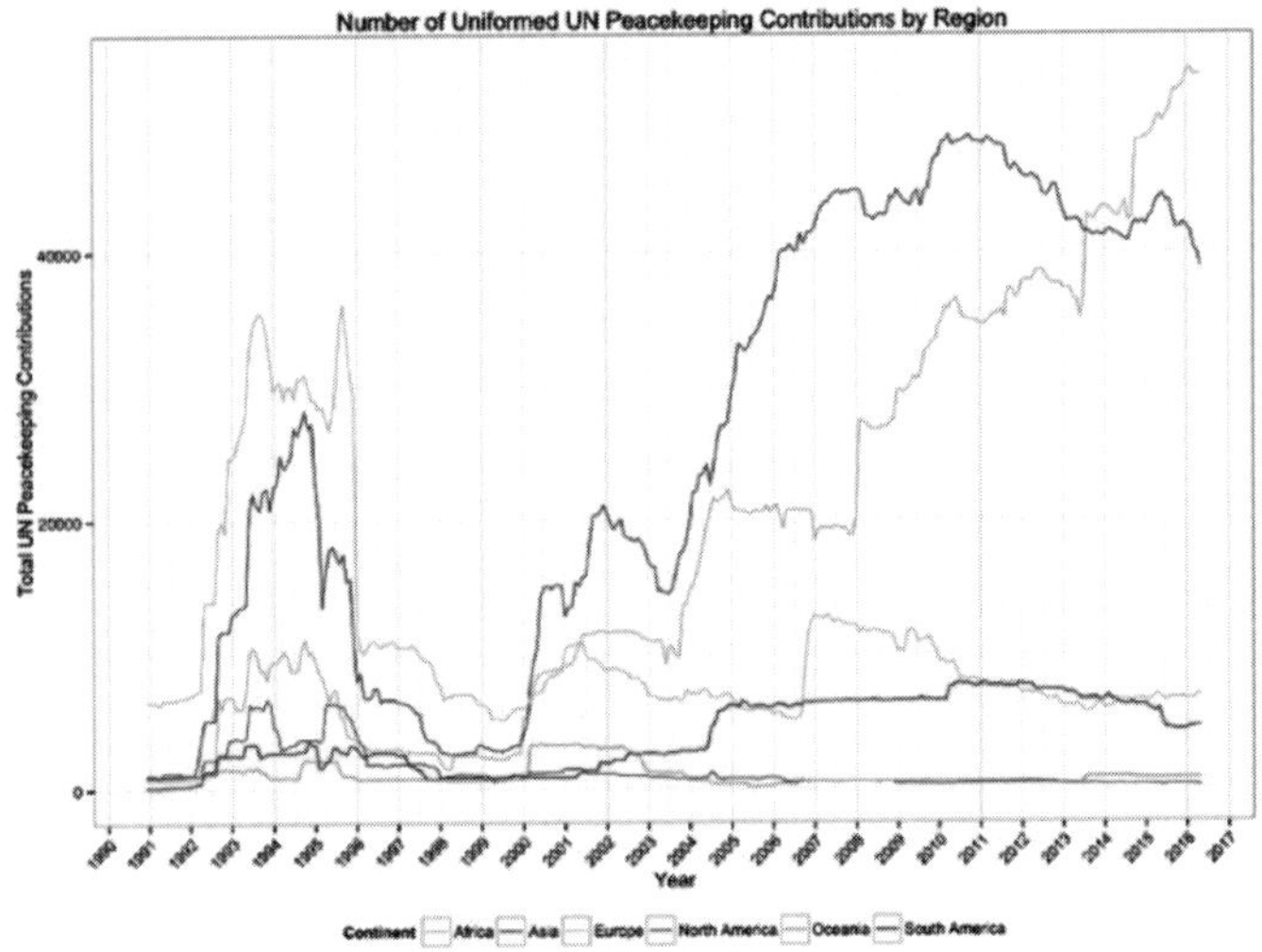

を作った負い目があるはずの旧宗主国でさえ出さない。主役は発展途上国となっています。

ルワンダの教訓

現在のほとんどのＰＫＯはアフリカ大陸で展開しています。「住民の保護」というマンデートが常態化したきっかけは、なんと言っても「ルワンダの虐殺」でしょうか。

一九九四年。いろいろな意味で、ＰＫＯ変容に大きな教訓となったルワンダの事態。それまでのＰＫＯは、どちらかというと、国連という「中立」なイメージを前に立てた停戦監視が主な業務でした。国連自身が「紛争の当事者」というふうに自らを位置づけていなかったのです。武力を伴うけれど、戦っている当事者の同意のもと、交戦という事態を避けて、停戦を和平に定着させるために、とにかく現場にいる。それが、ＰＫＯが国連憲章の「六章半」と言われる所以でした。つまり、六章（紛争当事者の同意に基づいた平和的な介入）と七章（同意なしでの強制措置としての武力介入）の中間であるという「同意の下の武力介入」でした。

あくまで「同意」があるから居られるのです。ですから、国連自身が戦いの当事者になってしまったら、その時点で「同意」はなくってしまいます。

ところが、監視するはずの停戦が壊れてしまう場合があります。そうすると、戦闘が再開し、また住民が犠牲になり始める。現場のＰＫＯはどうするかが問われます。

ルワンダの場合は、「中立」の殻を破れず、最終的には撤退してしまいました。そしてその後、一〇〇日間で一〇〇万人の住民が見殺しにされることになります。これが「教訓」です。

この時の最高司令官だったのが、ロメオ・ダレールというカナダ陸軍の少将です。僕の友人であり、対談本を出版したこともあります。

彼はこの事件の後、自殺未遂をし、リハビリの後、カナダの上院議員になりました。それも退任した現在は、「子ども兵士」の問題について、外交的にハイレベルな活動をしています。

みなさんご存知のように、「子ども」は全ての国際法において保護されるべき主体ですが、しかし、武装した子どもと対峙した時、ＰＫＯはどう対処するべきか？　これは大変重い課題です。この問題は、そもそも子どもを兵士として使うことが国際法違反であるということを知らない可能性のある武装勢力との「非対称戦」が支配する近未来において、こちらは国際法に則って彼らとどう戦うかという問題でもあります。戦後、急速に発達した子どもの権利を含む「人権」と、それ以前から存在そして今も発展する「交戦法規」つまり国際人道法が、ある意味ここで衝突するのです。きわめて深淵な問題です。

「保護する責任」の必要性と悪魔性

話をルワンダに戻しますが、この「教訓」から、カナダ政府を中心としてある思想が芽生えます。それが「保護する責任：Responsibility to Protect」であり、通称R2Pといいます。

住民つまり国民を守ることは、国家の責任です。本来、その責任能力を主権と言います。ところが、時に、その責任を十分に果たさない国家が出現する。果たさないばかりか、国家自身がその国民を虐殺する。そういう時に、国連を主体とする国際社会は、内政不干渉を言い訳に躊躇するのではなく、その国家の「同意」がなくても、住民を守る責任がある、という考えです。その際には、武力の行使もいとわないというものです。

これは、一方で、大変に危険な考えでもあります。そういう国家の政権の「悪魔性」が、往々にして、国際メディアを手中に収める超大国によって〝操作〟される恐れがあるからです。つまり、超大国にとって気に入らない政権をターゲットにレジーム・チェンジ（政権転覆）に使われる可能性があり、

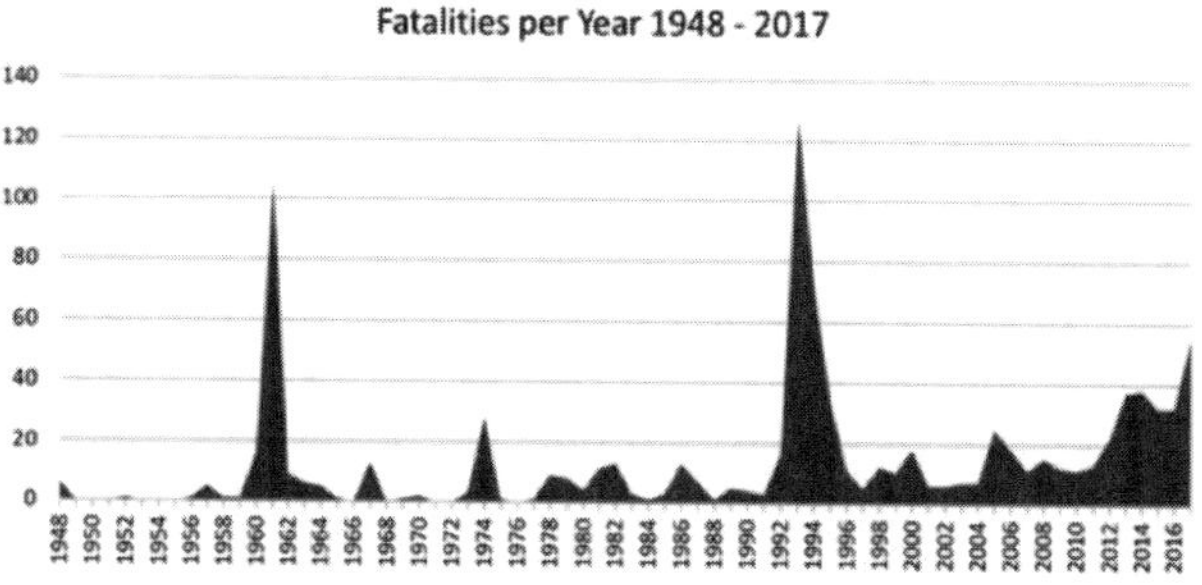

それは歴史が証明しているからです。しかも、超大国自身の人道問題、例えば中国のチベット問題に対しては、国際社会の責任はどうなるのかという問題でもあります。

こういう矛盾を孕みながら、しかし、グローバルなポリティカル・コレクトネスとしての「人道介入」は、爆走しています。これは止められません。ＰＫＯは、人道のために〝戦わざる〟を得ないのです。

増大するＰＫＯの殉職者

次に上の画像を見てください。これは一九四八年から二〇一七年までのＰＫＯの殉職者をあらわしたものです。特に、〝戦意〟のある環境での殉職です。敵対勢力との直接的な交戦時の他に、たとえば地雷を踏むとか、待ち伏せ攻撃に合うとか、そういう〝殺す〟という意思が支配する環境でのものです。

歴史上、殉職者が突出した年があります。最初は一九六一年前後。合計で二五〇名の殉職者を出したコンゴＰＫＯ（六〇年～

六四年）でしょう。

次は、一九九三年前後。ルワンダと、それに並行してソマリア――「ブラックホーク・ダウン」の舞台になった、あの時でしょうか。

こうやって歴史上突出したピークがあるのですが、近年に近づくにつれて、コンスタントに〝幅〟が大きくなっているのがわかると思います。そこが問題なのです。「五年間」という幅で、殉職者をとらえると、二〇一七年を含むこの五年間は、国連史上、「敵意のある行為で殺されている」PKO要員の殉職が最大になっているのです。

現在、世界で展開するほとんどのPKOのミッション・マンデート（国連安保理が承認した任務権限）は、「保護する責任」R2Pを発祥とする「住民の保護」です。もはや、PKOを受け入れる当該国家の「同意」など関係ありません。

現在のPKOのROE（武器の使用基準）には、当該政府に見せられるバージョンと、見せられないバージョンのものがあります。見せられないバージョンには、PKOの交戦対象として、当該政府の国軍と警察が入っている。コンゴ民主共和国に行った際、それを確認しました。

その結果、当然のことですが、PKOは「嫌われ」ます。イメージとして、進駐軍のようになってくるわけですから当たり前です。昔はピースメーカーでした。「PKOのおかげで平和なんだ」という印象がまだあった。今は米軍のように嫌われる。

殉職者が増える構造的理由

しかし、ＰＫＯが住民を守るために「戦う」となると、住民にだっていろいろ言い分はある。ルワンダや南スーダンのように、政府側も悪さをしているケースでは、当然、ナショナリズムは政府寄りの住民を鼓舞します。国連といえども、外国の軍隊が我が国の主権を侵していると、敵意の対象になります。日本人は、戦後からずっと米軍がいるのに慣れきっているから、この辺の感情移入は難しいと思うけれども、それが現実です。

そうすると、そういう悪政は、子飼いの若い者を、ＰＫＯに対してけしかけます。当然です。すると、誰がそういう戦闘員か、無辜な住民か、区別がつかない中で、交戦が発生する。そして「殺され」ます。

「嫌われる」、「殺される」。こうなると、どんな国でも、ＰＫＯに兵を送りたくなくなるわけです。国連から支払われる外貨目当ての途上国の参加は昔から伝統的でした。そして最近は、ＰＫＯが派遣される紛争当時国の周辺国も、当事国の内戦を放っておくと、難民に紛れて武装組織も流入してくることで自国も危なくなってくるという危機感で、ＰＫＯに部隊を派遣するようになりました。そういう国の国境は、往々にして、植民地時代に人工的に引かれたものですから、部族の分布は国境を跨いでいます。内戦の当事者である武装勢力は部族に帰属している場合が多いですから、一国

の内戦と言っても、周辺国を含んだ国際紛争の様相を呈するのです。

つまりＰＫＯは中立が建前ですが、周辺国が、個別的自衛権・集団的自衛権のノリで、ＰＫＯという国連の集団安全保障に派兵する時代なのです。

一方で、そういう周辺国や途上国は、貧乏です。兵器も装備も貧弱。でも、「殺されない」ためには、まずそこで何とかしなければならない。でも、国連にも「金がない」。「嫌われる」、「殺される」、「金がない」の３Ｋです。堂々巡りの３Ｋです。

これを何とかしようと〝立ち上がった〟のがサントス・クルーズ。冒頭の写真で後ろ姿が見えていたコンゴ民主共和国ＰＫＦ最高司令官のブラジル陸軍中将です。

彼はＰＫＦの最高司令官を二回やっています。コンゴ民主共和国の前はハイチ。そうです、自衛隊が派遣された時です。コンゴの道中で、彼は、「自衛隊はよくやってくれた」と言っていました。

そこで僕は、「日本政府って、派遣された自衛隊の指揮権は東

京にあるって国民に説明しているんだよ」と教えてあげました。そうしたら彼、「冗談だろ」とびっくり。さらに、「自衛隊ってね、じつは軍事法廷にあたるものがないいんだ」と言ったら、目が点になって絶句。二の句が継げないとは、まさにこんな感じなんだろうな、みたいな感じでした。

†PKOはどう改革されようとしているか

話を本題に戻します。その彼が、満をじして出したのが『クルーズ報告：Cruz Report』です。「3K」のPKOを緊急になんとかしなければならないというもので、標題も「Improving Security of UN Peacekeepers」。ピースキーパーが殺されては意味ないという切迫感が伝わってきます。

クルーズの近影をお見せします（上）。FIB介

入旅団の駐屯地で、ミリタリーブリーフィングを受けているところです。
次の写真は、ＦＩＢ装甲車の中です。最前線の現場に向かうところです。
『Cruz Report』は、国連のホームページで簡単にダウンロードできますから、日本の関係者には、ぜひ読んでいただきたい。そのためにも、概要を整理して紹介しておきます。

能動的武力行使を厭わない

まず「躊躇なき武力行使」。住民を保護するために躊躇してはいけない。そして「６章シンドロームからの脱却」。既に説明しましたが、ＰＫＯは「６章半」。つまり、紛争当事者の「同意」というものに、いつも縛られる。そのマインドセットから脱却せよ、ということです。住民を守るために。ＰＫＯ

Cruz Report 2017

- 躊躇なき武力行使/6章シンドロームからの脱却
- 自衛的平和維持から能動的無力化へ
- No caveats
- 派遣前トレーニング
- 武器／装備
- 諜報
- 戦傷医療

が住民の守護神なのだ、この自覚を持って戦え、と。

次に「自衛的平和維持から能動的無力化へ」。ＰＫＦは軍事組織ですから、国際法の開戦法規（国連憲章51条）上、武力の行使は「自衛」が原則です。つまり、まず攻撃を受けなければ行使できない。ましてやＰＫＦはＰＫＯの平和維持の原則に縛られますから、それが当然なのです。でも、現実は、それでは「遅い」わけです。悪い奴らが行動してから駆けつけても、既に住民は虐殺されている。

だから、くり返しますが、日本でのことを想定してください。大々的な悪さをしそうな広域暴力団がいる。アジトに武器が集積されつつある。警察が、その証拠をちゃんと掴んで、裁判所の許可を得て、一斉に踏み込む。このようなことを、多国籍の軍隊が、それも異国でやるわけです。相手が攻撃を始める前に、軍事組織がそれを「無力化」、つまり〝殲滅〟

するわけです。ＦＩＢ介入旅団が、その先駆なのです。

「但し書き」は不要だ

次は、「No caveats」。caveatsというのは、たとえば化粧品のボトルなどに但し書きがあるでしょう?　「こういう時にこういう使用は避けてください」みたいなものです。つまり、「No caveats」というのは、各派兵国に特有の「但し書きはもうたくさん」ということです。

多国籍の寄せ集め軍隊がＰＫＦです。それぞれ色々な母国の問題を抱えて現場に派遣されてくるのです。「領土問題で国会が揉めている時に無理言って出してきているのだから、あんまり危険なところを割り当てないでくれ」等々。ＰＫＦ要員による買春やレイプ事件は国連を本当に悩ませていますが（まず総数が大きくなるのと過酷な任務をやらされることが多くなるので、仕方がないとは言えませんが当然そうなってしまう）、「〝野蛮な〟途上国や周辺国の部隊とは少し距離を置きたい」とか。

さらに例えば、Ａ国とＢ国の部隊が一緒に行動していて住民に襲いかかる敵勢力に遭遇する。Ａ国部隊がＲＯＥ（武器の使用基準）に則って交戦しようとするのに、Ｂ国軍が自国の事情で躊躇したら?　もう作戦が成り立ちません。だいたい多国籍軍としての「士気」がガタ落ちです。「３Ｋ」で二進も三進も行かないのに。caveatsなんか認めたらやってられるか!ということです。

世界で一番やっかいな「但し書き」は、もちろん、日本の自衛隊です。「一番安全な時期に、一番安全なところで、一番安全な任務」を用意しなければならないのですから。

後の項目、「派遣前トレーニング」の必要性。「武器／装備」の充実。金はありませんけど、極めて常識的な現場の要求です。

次に「諜報活動」。本来、国連ＰＫＯというのは平和維持が目的で、戦争に行って勝つためのものではない。軍事諜報というのは相手を知り相手を負かすためにやるものですから、原則的にＰＫＦではタブーだったのです。しかし、前述の先制攻撃を許されたＦＩＢが象徴するように、ＰＫＦは住民保護のために急速に好戦的になっている。敵の動向を常に把握し、必要に応じて叩く。今日のＰＫＦにはドローンの配備の要求が一般的になっていますが、これにも金がかかる。

そして最後に「戦傷医療」。これにも金がかかります。自衛隊にとっては途上国並みに耳が痛い問題です。「自衛隊を活かす会」では、クローズでこの問題の勉強会をやりましたが、日本では悲劇的に遅れています。「自衛隊の命は大事」→「戦傷医療のノウハウの蓄積と装備の充実を」→「え！戦争するのか？」という思考回路に陥り、戦傷医療の不足は意識されながら、九条問題の政局が予算配分を不可能にしてきたことが背景になっているのです。

日本が出る幕はない

以上、『Cruz Report』です。全てが極めて常識な要求と言えば、そうなのです。

でも、何と言ってもこの「no caveats」という言葉です。これはもう、ＰＫＦの政策担当者の間では、一つの標語みたいになっていまして、僕が出席したこのソウルの会議でも、これが頻繁に飛び交う。そんな感じになっています。

おわかりの通り、もう日本の出る幕はありません。

この『Cruz Report』を受けて、二〇一八年、国連事務総長は、『ＰＫＯ改革』とでも言いましょうか、「ACTION FOR PEACEKEEPING」（通称Ａ４Ｐ）を立ち上げ、今日に至っております。

これには一応、日本の外務大臣を通じて外務省も支持表明しています。あとで言いますが、それは、悪い冗談にしか過ぎません。

2、ＰＫＯ改革で不可欠となった軍事法廷

さて、僕が出席したソウルの会議ですが、これもＡ４Ｐの一環として開催されたものです。国連本部ＰＫＯ局の、それも軍事部門（ＯＭＡ）主催の実務者会議（The SEOUL Conference on UN peacekeeping）です。

左がその際の写真です。左側にはＯＭＡのトップのカルロス・ロイというウルグアイの中将とそ

のスタッフがいます。全員が多国籍の軍人です。右側からそれに対峙するように、兵力提供国——TCCs（Troop Contributing Countries）がいます。英国、カナダ、フランス、ドイツ等の先進国を含む二〇か国の代表です。日本で言うと、自衛隊派遣の司令塔である内閣府の国際平和協力本部事務局の局長レベル。その国の海外派兵を司る部署のトップたちです。

ここに招かれたわけですが、僕に与えられた席は「Japan」。一講演者にすぎないのに、日本の代表みたいな扱いです。実際、この会場に日本人は人っ子一人いませんでした。他の国は、本国からの代表の下、在ソウルの大使館員まで従えていたのに。

もし日本政府関係者が出席していたら、会場の議論に飛び交っていたno caveatsに耐えられなかったでしょう。また、これから述べるように、僕の講演を聞いていたら、完全に国家としての体面をなくしていたでしょう。
僕がこの会議で頼まれた講演の内容を、その時に実際に使ったスライドで簡潔に説明します。テーマは、『Building trust in Military Jurisprudence』。

Military Jurisprudenceというのは「軍事法理」とでも訳しましょうか。それに対するtrust（信頼）を構築する。誰からのtrustか？　多国籍軍が駐留する彼の地の無辜な民衆からの信頼です。

装備も貧弱で「金がない」ＰＫＯが「殺される」ことがないように「嫌われる」ことを最大限に防ぐには、駐留する以上は必ず起きる作戦上の事故、犯罪が発生した際、駐留軍として現地社会に、どう透明性を持って正々堂々と「法の支配」を自らに当てはめて模範を示せるか。駐留の成功は、これにかかっているというのが僕の講演の趣旨でした。以下、その概略です。

†戦後の軍駐留後の国家建設の問題

主権国家の領域で非国家主体と戦う
まずは一般論から。現在の国際紛争において、いわゆる兵力供給国が、多国籍軍として軍事行動を行う現場は、大きく分けて二つあります。
一つが、この図の右側です。これは「Peacekeeping Operation」。今までお話ししたＰＫＯ国連

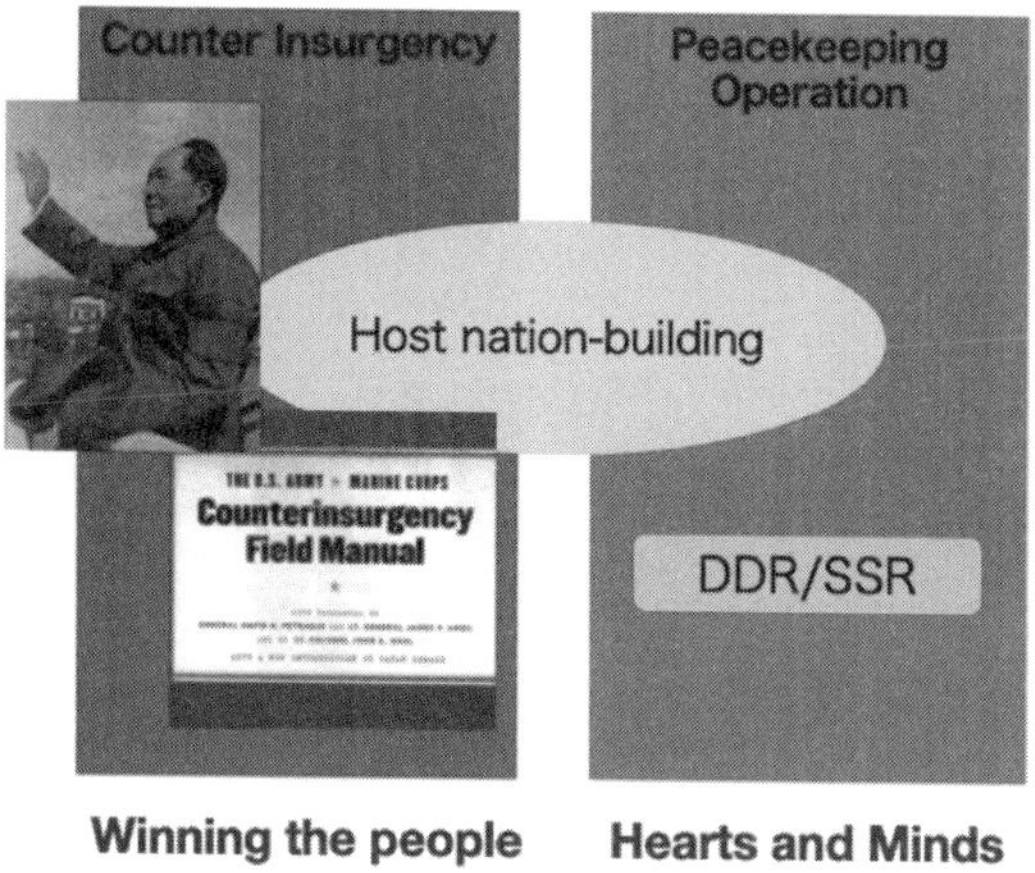

平和維持活動です。必ず国連の安全保障理事会が承認しマンデートを与えます。そして国連そのものが、多国籍軍の司令官を任命するということで、指揮を執ります。

もう一つ左側は、Counter Insurgencyで通称COIN（コイン）。いわゆる「テロとの戦い」です。アメリカやNATOが有志連合としてやるものです。この頃、安全保障理事会の承認が出る前に個別的自衛権や集団的自衛権を口実に発動してしまう場合がありますが、基本的には国連ではなく、そういう有志連合のリード国が指揮権を握ります。

この二つに共通するのは、そういう多国籍軍と交戦を想定する敵勢力は、非対称ないわゆる非国家主体（Non-State Actors）であることです。COINの場合は、相手がテロリストですから一番わかりやすい。PKOの場合でも、前述のようにPKOの受け入れを同意した政府の軍閥化した国軍や警察組織である場合がありますが、これもほとんどは非国家の武装組織が相手です。

もう一つ共通するのは、多国籍軍は、ある主権国家の領域で展開するということです。ＰＫＯはまさにこれです。自衛隊がいた南スーダンもそうです。安保理が各ＰＫＯに承認する権限は、その国家の領域に制限されています。ＣＯＩＮもそうです。アフガニスタンやイラクを考えるとわかりやすいです。しかし、アメリカは、個別的自衛権を盾にしているせいか、しばしば、敵が潜伏しているということで「越境」する場合があります。

どちらにしろ、主戦場はある主権国家の中であり、多国籍軍はそれとの有効な関係なしには戦えないことは、容易に理解できると思います。ですが、そういう政権は、ＰＫＯのように内戦を経たばかりか、ＣＯＩＮのようにアメリカが前政権を倒して新たな〝傀儡〟の建設中の場合が多いので、ちゃんとしているわけもなく、非常に不安定なわけです。だから、国家建設を側面支援しながら戦うみたいな状況になるのです。

国家建設と平行して

そういう意味合いも込め、国家建設を助けるということで、Host nation-building という言葉が使われます。こういう状況での戦い方では、アメリカはベトナム戦争以来、苦い経験を積み重ねており、当然、そのための戦略論も進んでいます。それが、通称ＣＯＩＮドクトリン。二〇〇六年に、イラクの米最高司令官だったペトレイアス将軍が、ベイトナム戦争以来はじめて改定した言われる米陸軍と海兵隊の軍事教義『Counter Insurgency Field Manual』です。

ここで盛んに参照されているのが、先ほどの図にも顔写真を使いましたが、ゲリラを率いて旧日本軍を負かした毛沢東の言葉です。「ゲリラは海を泳ぐ魚のように民衆の中を泳げ」というものです。これによってゲリラは強い。だから、それを逆手に取ろうというのがＣＯＩＮです。民衆をこちらにつければ魚は干上がってしまう。

つまり、ゲリラに勝つには、民衆を味方につけろ、ということです。Winning the war ではなくて、Winning the people ということです。敵を負かすには「民衆を勝ち取れ」ということです。

これは米兵が民衆にチョコレートを配ることではなく、傀儡政府を通じて、福祉、開発、そして「法の支配」の提供で、民衆の信頼を勝ち取れということです。

僕がかつて現場で担当したＤＤＲ（武装解除・動員解除・社会再統合）とＳＳＲ（治安分野改革）は、戦乱の世の武装組織を解体・縮小し、一つの政府の下で国軍と警察を創設し、法の支配に実行力を持たせるためのものです。ＰＫＯの現場から生まれた新しい国家建設のためのモジュールです。ＰＫＯでの合言葉は「人心掌握（Hearts and Minds）」。Winning the people とほぼ同じです。

このHost nation-buildingを時系列的に見てゆきましょう。次頁の図の上がＣＯＩＮ、下がＰＫ

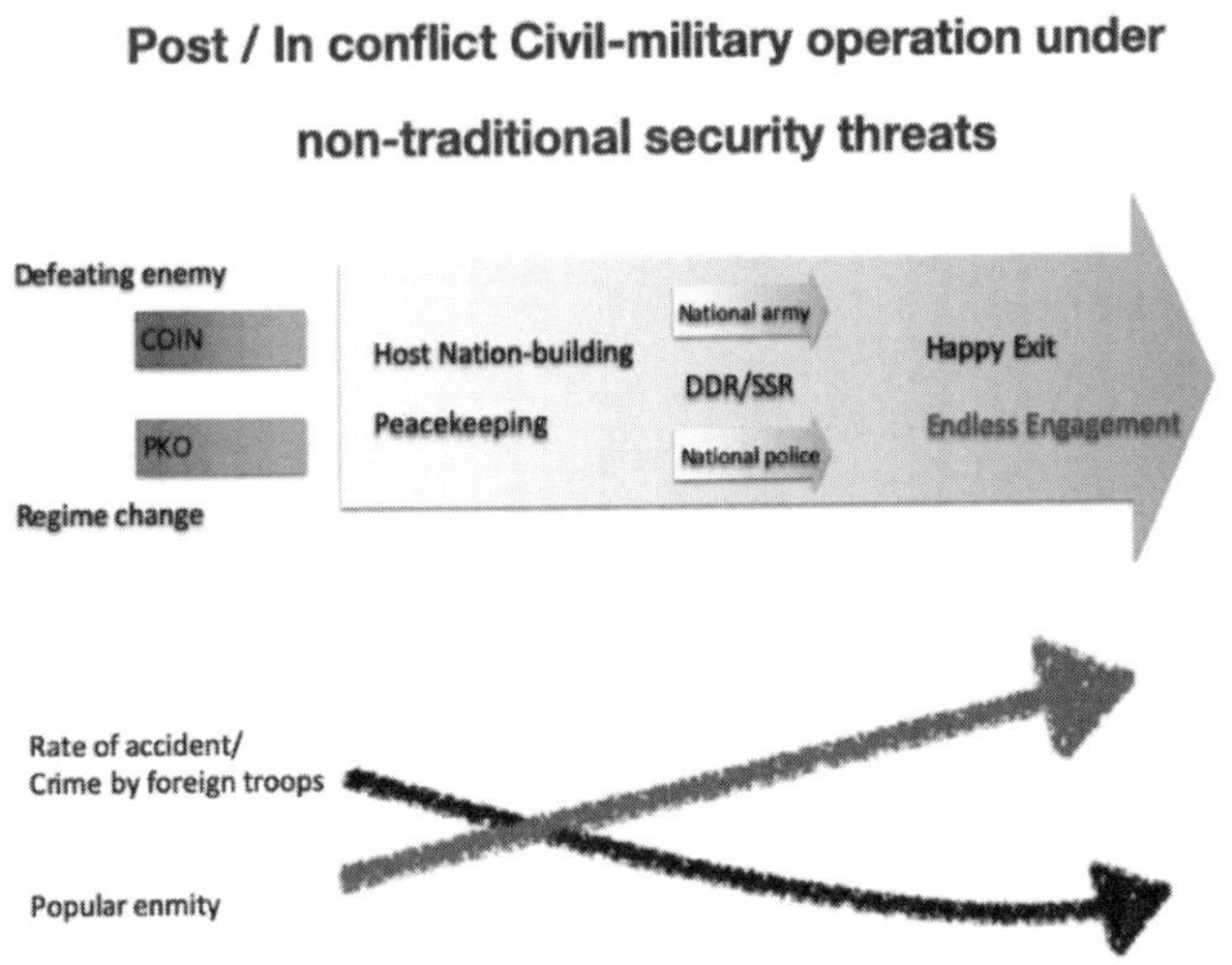

Oです。敵政権を倒した後（COIN）、内戦の終結後（PKO）の国家建設において最初にする作業とは、「法の支配」に実効力を持たせるために新しい国軍と警察力を創設することです。これが始まると、その後の何らかの理由――テロ組織との戦闘や連立政権の内紛で武力闘争が継続している等――で多国籍軍の駐留が続いている中で、もう一つの〝正規〟の武装勢力が出現するわけです。国家建設を阻む共通の敵と戦うべく、多国籍軍と協力関係になるようにしなければなりません。

出口戦略で犯罪も減っていくはずだが

多国籍軍は、当然、その駐留に終止符を打つため――国際法上、軍事併合になってしまうので駐留を永続化できません――、「出口戦略」を立て、国軍と警察の成長と共に、その役割を段階的にバトンタッチしてゆくわけです。それがうまくいけば、完全バトンタッチでHappy Exit、ハッピーエンド。しかし、なかなかそうはうまくいかず、そのままズルズルと駐留が続く。今のアフガニスタンの米・NATO軍のように、Endless Engagement（永続的関与）に陥っていく。

いずれにせよ、時間とともに国軍と警察の役割が大きくなり、より危険な業務を分担し、多国籍軍は補完的な役割になっていくので、理論上は、多国籍軍が引き起こす事件や事故は、矢印のように、国家建設が進むとともに減ってゆくはずです。少なくとも、それを目指して出口戦略を立てるはずです。つまり、外国軍隊による事故や犯罪（Rate of accident/Crime by foreign troops）は、図の下の右下がりの矢印のように減ってゆく。

しかし、Popular enmity、つまり「外国」軍に対する民衆の感情は、右上がりの矢印のように、より敏感になってゆくのです。「外国」軍による事故は、理論上、減少していっても、です。なぜなら、どんなちっぽけな、できたばかりの赤子のような国の国民の間でも、ナショナリズムというものは、急速に育ってゆくからです。ナショナリズムは、「排他」で成り立つのです。貪欲に、排他できるものを探し、成長してゆくのです。だから、一番目立つ外国駐留軍を見る目というのは、すごくシビアになってくるわけです。時が経つにつれて。ここなのです、一番やっかいなのは。

これがEndless Engagementになるもう一つの要因です。民衆が、外国駐留軍とそれとつるむ新政権を嫌うあまり、Winning the people と Hearts and Mindsどころか、敵に寝返ってしまう状況が生まれてゆくのです。ということで、ＣＯＩＮのアフガニスタンでは、ずるずるともう一八年間という米国建国史上最長の戦争になっています。

ＰＫＯも長期化するものが多くなっています。コンゴ民主共和国だっていつ終わるのでしょう。わからない。南スーダンもそうです。ＰＫＯは、国連憲章上、第七章の強制措置の中の軍事介入で例外中の例外措置ですから、マンデートの期間というのは、だいたい三か月から六か月。それを更新してゆくわけです。例外措置が恒常化してゆく。そうなるのはやはりＣＯＩＮと同じメカニズムが働いているわけです。

✝犯罪は裁かれなければならない

犯罪が減らない構造的な原因

なぜ我々は「失敗」するのでしょうか。そのメカニズムを左図で説明します。

まずこの事故もしくは犯罪（Accident/crime occur）が起きます。

すると、在日米軍を抱える私たち日本人なら感情移入できるように、現地社会は、まず二つのことを要求します。一つは、対応責任（Accountability）。ちゃんと「それを犯した人間が罰せられる」ということです。当たり前でしょう? 次に、補償（Compensation）です。南スーダンやアフガニ

How we fail;

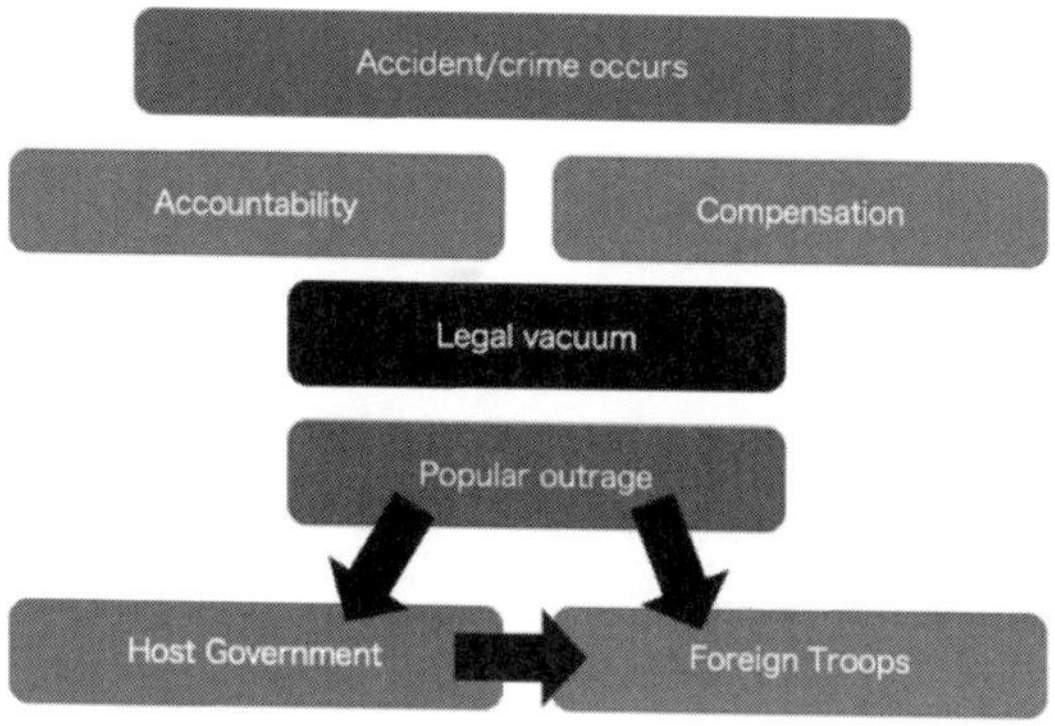

スタンみたいな貧しい国だから、手厚い補償をして金を積めばそれでいい、と思ったら大間違いです。日本の私たちのように、法の正義を求めるのです。ちゃんと起訴されるのかということです。結果として有罪になろうと、無罪になろうとです。

この両方に十分に応えられないのは、その時点で最悪ですが、もっと酷いのは法の空白（Legal vacuum）です。裁こうにもそのための法がない、という状況です。後で言うように、これが起きた例があるのです。それが駐留作戦を壊滅に追い込みました。一般的に、多国籍軍は、母国から遠く離れたところで駐留するのですから、母国の法曹界も、国内の事情への注意に比べたら鈍感になるのでしょう。

これらがうまく機能しないと、結果的に、人々が憤激する(Popular outrage)。現地社会は、当然、怒ります。そして、その怒りは、二つの対象に向かいます。一つは、当然、その事件を起こした多国籍軍（Foreign Troops）。もう一つは、その駐留を受け入れた現地政府（Host Government）です。

そして、現地社会の怒りが収まらず、勢いを増し、大きなデモなどが起きてくると、現地政権も風を読み始めるのです。民衆の怒りに味方し始めるのです。一緒になって、多国籍軍に怒りを向けるようになる。

これが多かれ少なかれ、アメリカのほとんどの戦場で起きたことです。アフガニスタンのカルザイ政権の末期などは、まさにこれでした。カルザイは、アメリカに大統領にしてもらった典型的な傀儡なのに、米・NATO軍による第二次被害が重なった政権末期のほうでは、アメリカに悪態つきまくって民意をあおり政権にしがみ付こうとしました。こうなると、駐留軍にとっては地獄です。

軍隊はどんな犯罪を犯すか

次の図は、具体的に、軍隊が起こす事件とはどういうものがあるのか？（What military accident/crimes are）。

まず、「殺傷行為と破壊（manslaughter / destruction）」です。軍事組織がやるわけですから、個人がやる一般のそれに比べ、被害は甚大なものになります。そのほとんどは、軍事作戦中という「公務」の中で起きます。そこでは、「業務上過失（accidental / of negligence）」が問題になるわけですが、

基本的に悪意はない、はずです。そのほとんどは「命令」の下で起きますが、そうではなく、命令なしに、もしくは命令に背いてやってしまう場合もあります。

その時に裁かれるべきは、その命令権者か、実行した人間か。そこが問われてきます。

これらに対して、恐喝、強盗、強姦（extortion/burglary/rape）。これらは、過失ではなく、故意（of intent）の個人犯罪です。

以上が、軍事行動の中で起きる事件の概要です。これに特別に付け加えるとすれば、最後のこれです。ＰＫＦ部隊による援助と引き換えの買春（Peacekeeping/relief operation and Prostitution）。国連の援助機関等の文民スタッフ、ＮＧＯスタッフによるものも報告されています。特に兵士の場合は、国によっては一〇歳代で送られてくることがありますので、必然的に、派遣前のモラル教育の重要性が叫ばれているのです。

くり返しますが、これは兵士だけの問題ではありません。国連時代の僕は、現場でこれを管理する立場にありまして、本当に泣かされました。

ＰＫＯの現場というのは、経済的にものすごく非対称な世界が作られているのです。駐留する側と駐留される側の経済格差たるやすごいものです。突然、短期的なバブルが作られるわけです。圧倒的な軍事力、圧倒的な資金力。発展途上国の一兵卒だって手当を貰っていますから。文民スタッフは、個人が直に給料をもらえますから。それは、現地の民衆の生活水準からすれば、ものすごく恵まれている。

女性参加は、それなりに言われて実行されていますが、ＰＫＯ特にＰＫＦはいまだ基本的に男の世界です。当然、性への渇望が生まれる。金もある。買春が横行する。深刻なのは、本国ではできないので、ここぞとばかり、子どもを性の対象にすることです。僕も、同じＰＫＯ幹部の同僚を内部告発したことがありました。

もう何と言っていいかわかりません。いっそ公営売春所でもという発想は、その賛否はともかく、軍事駐留の日常では発生するものだと実感させられます。そのくらい、どんなに教育してもなくならない。

僕がＰＫＯの現場いた時に、国連はコンドームの無償配布を始めました。少なくとも病気をうつすな、うつされるな、ということです。

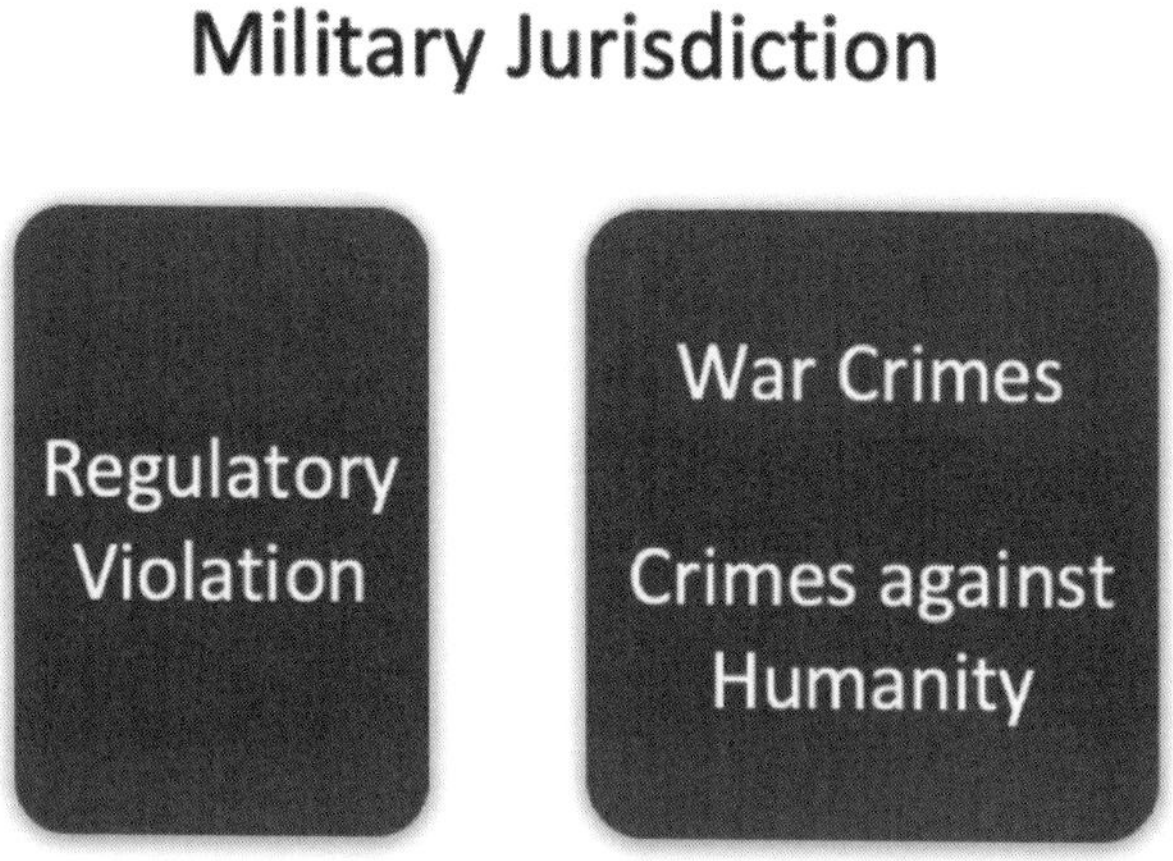

この状況は、一般のNGOでも、ジャーナリストでも変わりません。最近、日本の有名な戦争ジャーナリストの一人がセクハラ告発されましたが、試しに「あなたたちのうち、現場で買春やったことがないと神に誓える人間が、何人いるか」と聞いてみたらいい。

犯罪を裁く軍の法体系

こういう軍事行動の中で起きると予想される事犯を、では、どういうふうに裁くのか。上の図が、そのための軍事法体系（Military Jurisdiction）です。二つのカテゴリーがあります。

一つは懲罰事犯（Regulatory Violation）。会社やお役所に勤めておられる方にはお馴染みだと思います。それぞれの組織に内規があるでしょう。その内規違反です。その違反へは、普通、懲戒処分で対処します。自衛隊にも自衛隊法があります。

それとは別に、自衛隊員個人が、日本国内で犯罪を犯したら、刑法で裁かれることになるでしょう。もう一つ、これが決定的に重要です。それが戦争犯罪（War Crimes）。加えて、人道に対する犯罪（Crimes against Humanity）です。この説明をすると長くなるので簡単に述べます。

戦争を統制する国際法のレジームは二つあります。一つは「開戦法規」。国家が武力行使を開始するために許される［言い訳］です。その言い訳によって開戦し「交戦」が始まる。敵と交わる（engage）することです。戦争、自衛、専守防衛、何と言おうとそれらは同じ「交戦」であり、「交戦法規」の統制を受ける。その統制を破ることが「戦争犯罪」です。

「交戦法規」とは交戦中に「やってはいけないこと」を「戦争犯罪」として取り決めてきた人類の歴史的な集積です。戦前は「戦時国際法」。今でも「戦争の法（Law of War）」という言い渡しがされることがあります。

戦後、国家間の戦争ではない内戦の時代に入り「やってはいけないこと」を「国家以外の主体」つまり反政府武装勢力などの非国家主体にも守らせなければならないという必要性が発生する。そして「人権」という概念が発達したことにより、内戦にならない状況、つまり「平時」において「戦争犯罪」と同様なことが起きたら国際法上の重大な犯罪として裁くという考えが強くなってきたのです。「人道に対する罪（Crime against Humanity）」は、特に国際刑事裁判所ができた後、国際司法を支配する概念になっています

国際人道法違反は絶対に裁かれなければならない

つまり「戦争犯罪」もしくは「人道に対する罪」は、もはや、国家もしくはその正規軍だけでなく、そして平時においてさえ問われるものになっているのです。戦時国際法は、現代では「国際人道法」と呼ばれるようになっています。もうおわかりかもしれませんが、自衛隊が戦力かどうかや、国防軍と改名しようか否かなんていう九条論議は、まったく意味を失っているのです。

国際人道法は今でも発展を続けています。「やってはいけないこと」には「使ってはいけない武器」も入っているからです。

例えば、「核兵器禁止条約」。まだ成立したばかりですけど、まだまだ先が長いですが核保有国が批准してゆけば国際人道法として認知、つまり核兵器の製造、使用が「戦争犯罪」になる日が来るはずです。だから、核兵器禁止条約は、その条文の中身で、国際人道法の重要性を再三謳っているわけです。化学兵器の使用は、それが発覚すると即座に国連を中心とする国際社会のアクションを生むまでになっている。核兵器をこういうふうにするのが目的なのです。

ご存知のとおり、武器はどんどん新しいものが開発されているので、この努力は、後手後手に回っているのが現状です。今は、ドローンなどロボット兵器をどう規制するかが焦点です。これは既に実戦に配備されて殺傷と破壊を行っています。ロボット兵器は最後の引き金は遠距離にいても人間が引きます。しかし問題はＡＩの導入です。引き金の判断を人間以外のものがやる完全自律型兵器です。核兵器もロボット兵器も、究極の兵器であることは間違いありませんが、すでに配備されその被害を実感して人類は統制する努力を始めた。しかし、ＡＩは、それが配備される前にそれを考える人類にとって初めての兵器なのです。ここまで来てしまったのです。

犯罪を裁かない国などあり得ない

話を戻します。国際人道法のような重要な国際法の議論でいちばん重要なのは、「違反行為を起訴するのは誰か」です。国際人道法の主軸であるジュネーブ条約などには、捕虜を殺したら懲役何年とか、民衆を何人以上殺したら死刑とか、具体的な量刑は決めていません。でも、量刑を課さなかったら、いくら戦争犯罪を定義したって意味ありません。

当たり前と言えば当たり前なのですが、国際法の役目というのは何が違反かを合意するところまでで、違反行為を裁くのはそれを批准した国家の責任なのです。国家にその起訴能力がない、もしくはその意思がない――そういうのを破綻国家と言いますが――、内戦などの時や、国家そのものが崩壊している場合がある。そういう時には、国際刑事裁判所の出番となるわけですが、旧ユーゴスラビア国際戦犯法廷とかルワンダ国際戦犯法廷のように、国連がその設置を個別に決定する場合もある。

ここが重要です。戦争犯罪を裁けない破綻国家が、この日本なのです！　護憲派のみなさん、特に憲法学者のみなさん、ここを理解してください。

常備軍を持たないという憲法を持つコスタリカにしても、もっとちゃんとしています。護憲派はいつもこれを見落とすのですが、コスタリカ憲法は、国民に国防の義務を課しており、その必要時には徴兵が敷かれ、そうして動員された国民が「交戦」した時に発生する「戦争犯罪」そして「人道に対する罪」に対して、具体的な量刑を定めた国内法を整備しています。護憲派のみなさん、コスタリカの都合のいいことだけを取り上げて、政治利用しないでください！

日本はどうでしょうか。日本は、二〇〇四年、遅まきながら、現在の国際人道法の中核をなすジュネーブ諸条約追加議定書に加入し、その一環で、同年に「国際人道法の重大な違反行為の処罰に関する法律」を成立させたのですが、その中身がショボいのです。処罰犯罪として指定されたのは、文化財の破壊や捕虜の輸送を妨害するなど軽度な罪への処罰だけで、肝心の重大な殺傷と破壊、つまり「戦争犯罪」と称される重大な犯罪に関するものが一切ないのです。法律の額面の〝重大な違反行為〟とは裏腹に！

仕方がないと言ったら仕方がないかもしれません。自衛隊の現場が戦闘状態になっても「戦闘」の記述を「日報」から隠匿する国ですから。戦闘しても戦闘が消されるわけですから、戦闘が引き起こす殺傷と破壊は、日本の法理上存在してはいけないのです。日本というのは、本当に法治国家と言えるのでしょうか。日本人をやめたくなります。

†国連もＰＫＯ要員を裁くことになった

国連もＰＫＯ要員の犯罪を裁くことを想定していなかった

実はこれまで、「戦争犯罪」を考えていなかった主体が、日本の他に、もう一つだけあったのです。それが国連です！

国連ＰＫＯの歴史は既に説明しました。国連は戦争をしません。侵略者が現れた時以外は。しかし、内戦の時代を迎え、それに介入するようになった。その内戦で殺し合う勢力双方の合意の下の武力介入です。どちらにも味方しない「中立性」を前に立てて。しかし、その合意が破られる。戦闘が再燃する。住民が犠牲になる。しかし「中立性」が足かせになり何もできない。結局、住民を見殺す。

この経験から、すでに紹介したように、「住民の保護」を筆頭任務にする現在のＰＫＯになるわけです。しかし、ここで一つ問題があります。

住民を保護するためには戦わなければいけない。国連が戦いを交えるわけです。すると、そういう時の国連というのは、交戦法規――国連ができる前から戦時国際法として存在し、現在の国際人

12 August 1999

Secretary-General's Bulletin:

Observance by United Nations Forces of International Humanitarian Law

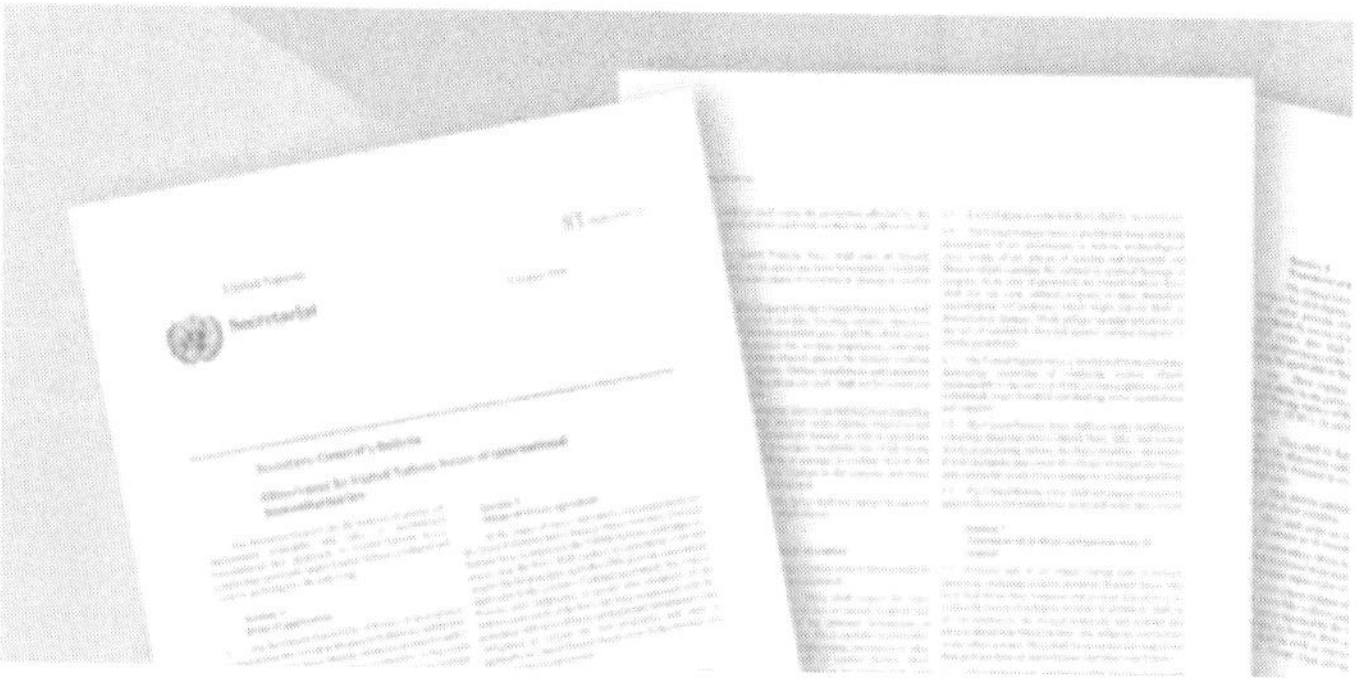

道法へと続く交戦法規――では、どういう扱いになるのかということです。もし、国連が交戦の中で国際人道法の重大な違反、つまり「戦争犯罪」をおかしたらどうなるのかという問題です。

この問題に決着がついたのは、つい最近なのです。それをこの画像で示しています。これは一九九九年、コフィー・アナンが国連事務総長の時に出た告示です。国連軍による国際人道法の遵守（Observance by United Nations Forces of International Humanitarian Law）というタイトルが付いています。

日本人の感覚ですと、「ああ、遵守すればいいのね」と軽く考えそうなのですが、これはすごく重要な告知だったのです。なぜかというと、国際人道法というのは、交戦する主体が交戦の中で守るべきルール、つまり、国連が一つの国家のように交戦する主体になるという国連史上はじめての告知であるということに加えて、ルールを守ることにおいて敵と味方は対等であると同法はみなしますから、国連と国連に挑んでくる非合法武装集団のような非国家主体が、交戦において対等になることだからです。

この重大さがわかりますでしょうか。これが現場のPKO要員——僕もその一人ですが——にとって、どんなに重い意味があるか。ところが、当時の外務省、特に外務省の日本政府国連代表部は、組織的にこれをスルーしました。これはひどいことです。驚くべきことです。そして、今でもスルーし続けています。これが自衛隊が送られる現場なのです。自衛隊がいるところが戦闘地域か非戦闘地域かなんて下らないことでなく、最初から戦闘地域であるということを大前提にしなかればならないのです。これは九条問題です。九条改正か、国際貢献か、という大政局になってしまったでしょうが、こんな状態で自衛隊は送られてきたのです。ひどいです。

地位協定では受入国が裁判権を放棄する

この告知の内容で一番重要なのは何か。国連が国際人道法を遵守するとして、「もし国連の部隊が国際人道法の違反つまり戦争犯罪を犯したら、どうするか」。それを決めていることです。

簡単に図解しますと、こういうことです。車輪に例えると、車軸は国際人道法(International Humanitarian Law)。国連と国連の指揮下の全て国の軍は、国際人道法を守ることを固く、固く約

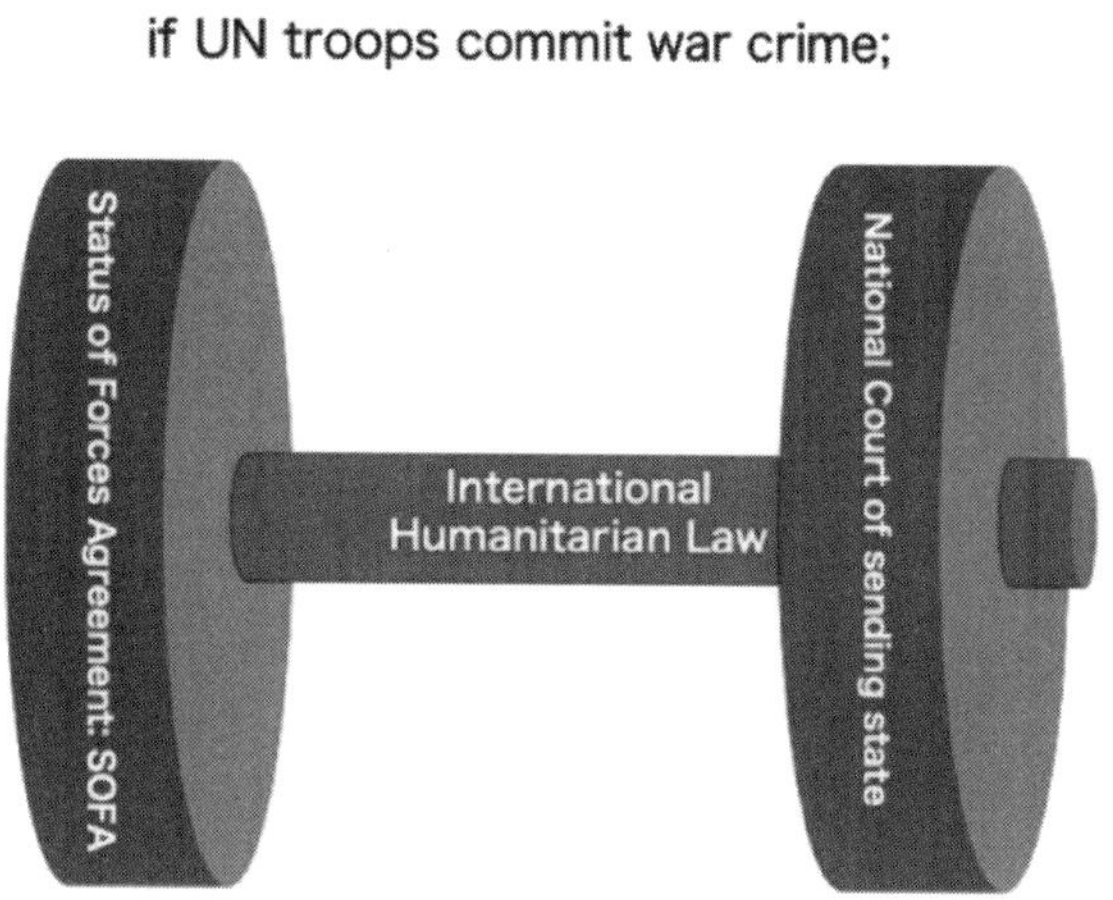

束する。

誰に約束するか。世界に対してですけれど、最も重要な約束先は、国連の部隊とその駐留を受け入れる国家に対してです。そして、国連は、受け入れ国と「地位協定（Status of Forces Agreement）」通称ＳＯＦＡを結びます。国連地位協定です。

地位協定とは何か？　日米地位協定の受け入れ国である日本の国民でしたら、すぐにわかると思います。一番重要なのは、軍が犯す事故、事件が発生した時の裁判権の問題です。それを取り決めるのです。日米間と同じです。立場は逆ですけれど。

国連は、場合によっては二〇か国以上にもなる多国籍の軍の指揮を統合し、南スーダンのような駐留受け入れ国に対して、全ての派兵国を代表して協定を結ぶのです。これが国連地位協定です。

これまでの国会の答弁で、日本政府は「ＰＫＯに派遣された自衛隊の指揮権は東京にある」と言ってきました。あれは真っ赤なウソです。なぜかというと、この国連地位協定の〝特権〟が、国連の指揮権の「担保」だからです。

どういうことかわかりますか。どの国の軍隊であれ、その存在意義と、「やる気」は、あくまで国防です。家族のため、祖国のため、命をかける。これが軍です。また、一国の軍隊なら、命令は絶対です。国によっては、命令に背くことは、極刑に値することもある。

一方、ＰＫＯの任務は、国防ではありません。内政不干渉が基本の国連ですから、国連の命令に背いたからといって、その兵士を極刑にできるわけではない。

すなわち、ＰＫＯというのは、基本的に、やる気のない連中が、あまり効力のない指揮命令で、祖国とは関係のない当該国の住民を守っているのです。もともと無理筋の概念なのです。このような中で、国連が、各国の軍隊に下す指揮権の根拠は、国連にこそ備わる信用と信頼が、受入国政府から引き出せる地位協定の〝特権〟を分与するから言うことを聞け。これしかないのです。「地位協定」を由来とする「国連の指揮権」はＰＫＯの基本、これらがなければＰＫＯは成り立たないことをご理解ください。歴代の日本政府の説明は、すべてウソです。

派兵国は国内法廷で犯罪を裁かねばならない

話を戻します。軍が犯す事故、事件が発生した時の裁判権の問題です。国際人道法を順守すると受入国に約束したものの、実際にＰＫＯ部隊がその違反をしてしまったらどうするのか。

国連との地位協定により、受入国は裁判権を放棄していますが、では犯罪を犯してもＰＫＯは裁かれないですむのか？　そんなわけはありません。国連を頂点とする国際法は、国際人道法の違反、つまり戦争犯罪を許さない、つまり裁くというのが前提であり――おわかりと思いますが、そうでないと、どんな法もその存在の意味がありません――「不処罰の文化」をいかに阻止するか、これで貫かれております。では、どうするか？

だからこそ、各兵力提供国がその国内法廷で、責任を持って裁きなさいと言っているのです。それが、もう一つの車輪、兵力提供国の国内法廷（National Court of Sending State）です。

この告知の重要な点は、国連地位協定の現地法から訴追免除の〝特権〟は、実は「特権」ではなく、各国が責任をもって裁く「責任」だとしていることです。それは、逆の角度から言えば、この「責任」が果たせないのなら、当たり前ですが、ＰＫＯに参加できるわけがないのです。

3、日本でも国内法が必要だ

先ほどお話しした二〇一八年の一二月のソウルの会議の続きです。僕の講演の続きですが、次の

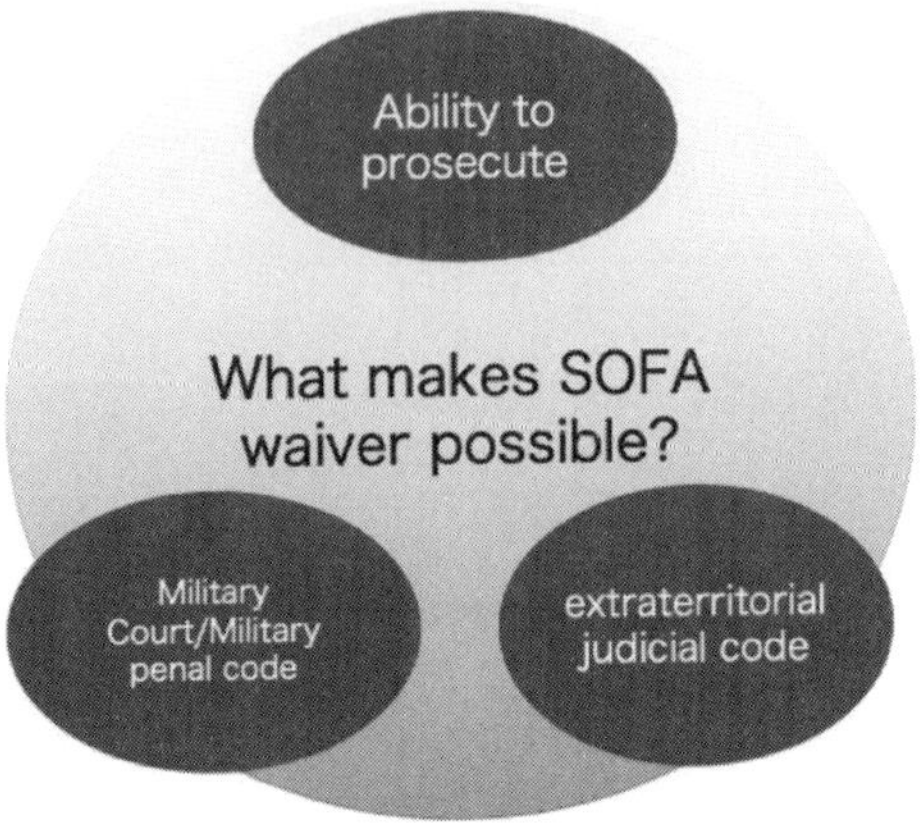

What makes SOFA waiver possible?

ことを再度、国連PKO本部の軍事部門と兵力提供国の首脳に強調したのです。

地位協定（SOFA）による免除（waiver）、つまり受入国現地政府からの訴追免除は、派兵国にとって「ラッキー！」というような特権（privilege）ではないということ。だからこそ代わりに兵力提供国がしっかり裁かなければならない責任（responsibility）なのだということ。

では具体的に、その責任をどう果たすのか？　それが上の図です。三つあります。

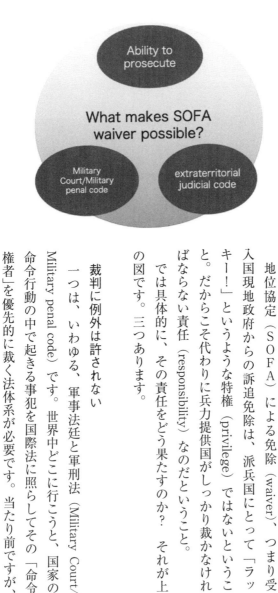

裁判に例外は許されない

一つは、いわゆる、軍事法廷と軍刑法（Military Court/Military penal code）です。世界中どこに行こうと、国家の命令行動の中で起きる事犯を国際法に照らしてその「命令権者」を優先的に裁く法体系が必要です。当たり前ですが、これは国家が保有する実力組織にはなくてはならないものです（ある一つの国は知りませんが）。

もう一つが、extraterritorial judicial code。現在、いわゆる「戦争の民営化」が進んでいます。戦闘行為をするのは国家の正規軍だけではないのです。いわゆる民間の警備・軍事会社が、国家と契約して、国家の意思の下、戦闘行為を行う。でも問題は、正規軍ではなく民間会社だから、軍事法廷の管轄外になってしまう。

これは大問題です。その大問題が露呈してしまったのが、二〇〇七年に起きた「ニソール・スクエアの虐殺」です。アメリカ政府と契約した米国籍ブラック・ウォーター社が、バクダット近郊を輸送のための武装警護中、街角で撃たれたと錯覚し群衆に発砲、一七人の一般市民を殺害したのです。明確な戦争犯罪です。

当時のイラク政府は、通常の地位協定のように、アメリカとその同盟国の正規の駐留軍の犯罪に対する裁判権を放棄していました。問題は、その対象にアメリカ政府が雇う民間軍事会社も入っていたのです。

更なる問題は、アメリカの正規軍の犯罪ならアメリカの軍事法廷が裁きますが、民間軍事会社は、その管轄外だったことです。つまり、地球上に、民間軍事会社の犯罪を裁く法がない！

これは、まずアメリカ国内で大問題になりました。そして大きな外交問題に発展します。イラク国民の反米感情に油を注ぎ、アメリカの占領政策の失敗の一因となりました。事件後、民間軍事会社の要員たちへの報復が頻繁し、怒り狂った市民が死体を傷つけ弄び、橋から吊るすなどのおぞましい映像はまだ記憶に新しいと思います。

この事件では、イラク政府をはじめアラブ諸国の強い反発から、アメリカ政府は国内法の変更を迫られ、結審に七年余を費やし、二〇一五年に連邦地方裁判所は、首謀者一名に終身刑、他三名に懲役三〇年の判決を下しました。しかし、トランプ政権になって、この判決は覆され、審議がいまだに難航しています。

実は、二〇〇九年に終了した自衛隊のイラク派遣は、現地では、この民間軍事会社と同じ法的問題を抱え活動していたのです。僕の知る陸上自衛隊の幹部は、この「法の空白」問題に戦慄しておりました。傭兵なら「金」が目的だから自業自得かもしれませんが、自衛隊員は「国家の命令」で赴いているのです。与野党、保守リベラルを超えて、この問題に向き合うべきです。

それらをまとめて大事なのは、「起訴する能力（Ability to prosecute）」です。法があったとしても、それを立件し、証拠集めをする能力が必要です。「ニソール・スクエアの虐殺」のケースでは、アメリカはFBIをつかって、国を上げて捜査をしたのです。ところが日本のことを考えてみて、東京地検がイラクや南スーダンみたいな危険なところに行けますか？　もちろん、それをやる人員、専門家、それらを支える予算と時間が必要です。日本にありますか？

以上、この三点セットが揃って初めて、地位協定（SOFA）の訴追免除（waiver）を厳粛に戴

くことができるのです。

北朝鮮の占領政策は成り立つか

ＰＫＯから離れますが、この写真を見てください。

二〇一七年九月、僕はアメリカ陸軍から、ソウルで開催された太平洋陸軍参謀総長会議というアメリカが友好国の陸軍のトップだけを集める会議に招かれ、三二か国の参謀総長を前に講演してきました。この会議の焦点は、その場所柄、時節柄、「北朝鮮」です。

僕が依頼された講演のお題は、「占領統治」です。僕は、二〇〇一年のアフガニスタンで、アメリカがタリバン政権を倒した後の占領統治に密接に関わっていますので。この招聘でアメリカ政府は、日本政府、外務省、防衛省を全く無視しております。

現代の戦争は、敵国政権を倒しただけで終わらなくなっています。本当の戦争は、そこから始まる。つまり、敗戦を認めないものや、圧政時代の復讐を恐れる勢力たちが分裂、そして派生し、占領統治に襲いかかる。いわゆる非対称戦が始まるのです。アメリカは、日本の占領では成功しましたが、その後は、これに悉く失敗しているのです。その一つがアフガニスタンで、現在も苦悩が続く米国建国史上最長の戦争になっています。

では、北朝鮮の金政権を斬首作戦で打倒して、果たして占領政策が成り立つか。

結論として、二〇〇万を超える北朝鮮軍が整然と武装解除するなどということは、陸軍のトップたちは誰も考えておりません。三二か国が総力となっても、金政権を打倒して、新たな占領をする余裕は、国際社会にはない。トランプ大統領府はどうあれ、戦争という政治決定を遂行するアメリカ軍——空軍なんて基地を飛び立って爆弾を落として帰還するだけですから——特に占領を地べたで遂行し一番の犠牲を被る「陸軍」の冷静なコストとリスク分析は、そうなのです。

通常、占領統治は、時間が経つと共に被占領国の主権が回復し、その駐留の性質が変位します。占領ではなく、地位協定を結ぶ外交関係になります。

アメリカ陸軍を中心に、その「多国籍軍」として占領統治をやるシミュレーションで、統合指令部が教訓としなければならないことは何か？　僕はその講演を頼まれたわけです。前述のＣＯＩＮにおける「Winning the people」と同じです。ＰＫＯと同様、占領統治の日常として起きる軍事過失・犯罪への対処が、現地社会からの信頼を左右するという明確な問題意識がアメリカにあるからです。

How to win the people;

Unified command's oversight over sending states' judiciary

Stand-by "quick" compensation scheme

Host nations' "participation" in troop contributing countries' judiciary

Detect judicial vacuum

統合司令部がしなければならないこと

その講演の最後に使ったスライドがこれです。

「How to win the people」のために統合司令部がしなければならないことと題して、まず oversight over sending states' judiciary。通常、二〇を超えることもある国々の参加で成り立つ多国籍軍は、実に様々な「軍事事情」を抱えています。ROE（武器の使用基準）も違う。特に、軍事法廷の形態、軍刑法の運用実績等の各国の事情を統合司令部の現地社会への説明責任の一環としてしっかり把握せよ、ということです。

二番目に、Stand-by "quick" compensation scheme。法的なアカウンタビリティーに加え、やはり「補償」が必要です。事故の被害家族や社会に対する補償です。そして、それは迅速（quick）でなければならない。時間が経てば経つほど、家族のフラストレーションは溜まります。そして、それが、それを取り巻く現地社会の怒りとなって爆発する前に、まず補償。その決済に、いちいち「本部」の承認を待っている間に何かが起きるかもしれない。できるだけ、現場に近い指揮官の判断で支払える「小口現金」のような体制をつくる。

そして、Host nations' "participation" in troop contributing countries' judiciary。もし、軍事犯罪や事故が起きたら、ほとんどの場合、その兵士は即日に本国送還になります。そして、起訴され、軍法法廷にかけられるわけですが、説明責任だけではなく、そこに受入国の政府が立ち会える権利を与えましょう、ということです。

日米地位協定の日米間にも、こんなことは認められていないので、突飛に思うかもしれません。しかし、実は、アメリカとアフガニスタンとの地位協定では、アメリカ軍が公務中の事故を起こした場合、アメリカ本土で開かれる軍事法廷にアフガニスタン政府が立ち会える権利を認めているのです。「透明性」の確保です。アメリカは、日本以外の駐留国ではこうなのです。いいですか？日本の皆さま。

「法の空白」をなくす

そして最後は、図の一番下にある、Detect judicial vacuum。

実はこのスライドだけは、先のＰＫＯ軍事部門の会議と、米陸軍太平洋陸軍参謀総長会議に共通して使ったものなのですが、要は「すべての兵力提供国はそれぞれの法体系をもう一度見直そう」ということです。あらゆる軍事犯罪・事故の場面を想定して、はたしてそれを国内法で起訴できる法体系が整っているかどうか。「法の空白(Judicial vacuum)」をちゃんと派遣前にDetectしましょう、ということです。

ここまで来ると、この講演者である僕の国、日本はどうなっているのかということを、やはり説明せざるを得なくなります。

もう一度説明しますが、一般の刑法でも、殺人は重犯罪です。そして、破壊行為の中でも放火などは死刑になりうる罪です。自衛隊のような軍事組織というのは、いわば、そういう殺傷、破壊の技術を日々訓練し、そういう能力に非常に長けた職能集団ですから、被害も通常以上に甚大になるはずで、だからこそ一層重い厳罰を課すのは当然です。

しかし、それが「命令行動」の一環で、それを誠実に履行したものであるのなら、どんなに甚大な被害でも、その刑事性が勘案されるというのが、一般法と軍法が違う大きなポイントです。何百人の民間人を殺害しても、引き金を引いた本人は無罪になることもある。「命令」という教唆性に、より罪を科す、とでも申しましょうか。

自衛隊法の根幹は、防衛出動の場合を除き、自衛隊員が主語の「武器の使用」ですから、首相を頂点とする国家の指揮命令系統を起訴する法体系がないのです。自衛隊員個人の過失にするしかない。しかも、日本の刑法は国外犯規定があり、自衛隊員に限らず日本人が海外で犯す業務上過失は管轄外です。

つまり、どういうことかというと、日本の自衛隊の海外派遣は、完全なる「法の空白」を抱えているのです。

これを説明した時、二〇か国の兵力提供国の代表たちは、あり得ないという驚きの目を僕に向け、すぐに今度は、国連の軍事部門のチームに向けられました。よく今までこんな国を参加させていたなと、会場はほんとうに凍りつきました。僕の背筋も凍りました。もしかして、僕は、祖国を辱めてしまったのではないかと。

国際社会は日本の「空白」を知っている

その後の休み時間の時に、国連の軍事部門のチームの一人が僕に寄ってきて、握手を求めてきました。このソウルの会議での印象を見る限り、少なくとも国連PKO局の軍事部門が、日本に部隊派遣を要請することは、これからはないでしょう。

しかし、国連の「軍事部門」にとって、自衛隊が使えない軍事組織であることがどれだけ明確になっても、やはり海外派遣の実績が欲しい日本の「政治」と、自衛隊が来るところには日本のODAの金も付いて来るという金欠国連の「政治」は、同じ愚行を繰り返す可能性があります。

しかし、「法の空白」を抱えた軍事組織の脅威の下に置かれる現地社会の無垢な民衆の身になって考えてください！　これほどの非人道的な処遇はないのです。

実は、日本のこの「法の空白」問題は、米陸軍主宰の太平洋陸軍参謀総長会議でも、触れざるを得なかったのです。しかし、米陸軍と韓国陸軍のトップたちは、すでに知っていたようです。その他の国の面々は、やはり、驚いていましたが。

ちなみに、自衛隊と日本政府関係者は、僕が出演する時間帯だけ、会場から一人も残さず消えていました。

おわかりになりますでしょうか？

国連、そしてアメリカと同盟国の「軍事」は、日本の自衛隊が多国籍軍の一員として使い物にならないことを知っているのです。しかし、「政治」は、自衛隊を使い続けるでしょう。「法の空白」を隠し、地位協定の相手国から裁判権を放棄させるという「詐欺」を続けながら。

これが日本の国のカタチです。このカタチを土台に展開するのが、日本の抑止力論です。考えてもみてください。日本近海でちょっとした武力衝突が起きたとしましょう。この時点で、「敵国」がこの詐欺を国際問題にすれば、防衛という日本の外交はそこで崩壊します。日本に抑止力論など成立しないのです。

あとがきに代えて

〈提言〉抑止に替わる安全保障に向けて

二〇二〇年三月一日
「自衛隊を活かす会」（「自衛隊を活かす：21世紀の憲法と防衛を考える会」）

「自衛隊を活かす会」は、二〇一八年から一九年にかけて、様々な専門家をお呼びして抑止力に関する研究会やシンポジウムを行いました。

抑止力という言葉は、すでに日常的に使われているだけでなく、安全保障政策を論じる場合の出発点であり到達点として扱われています。二〇一〇年に民主党鳩山由紀夫首相が普天間基地の県外移転の公約を撤回したときも、理由は抑止力でした。抑止力を出発点として考えれば、海兵隊を沖縄県外に移すことはできないという議論です。

その後、安倍晋三政権が誕生し、新安保法制を制定します。集団的自衛権の限定的行使容認を含む自衛隊と米軍との作戦上の一体化、アメリカからの戦闘機やミサイル防衛システムの導入による防衛費の増額、中距離巡航ミサイルや護衛艦の空母化など、従来の防衛政策の延長線上にない政策が次々と打ち出されていますが、その理由も抑止力でした。こうした政策は、抑止力を強化するという目標のために必要であるというわけです。

これに対して、国会やメディアでも、護衛艦の空母化が憲法に反するのではないか、あるいは、中国や北朝鮮の脅威に対抗するためにはこうした装備も必要だ、など様々な議論がありました。一方、そうした政策が抑止力につながるのか、あるいは、抑止力を高めることによって日本はより安全になるのかという視点は、ほとんどなかったように思われます。

抑止力を出発点として、そのために今の政策を変えない、あるいは、抑止力を目標として新たな政策を導入する――。こうした姿勢を変えない限り、防衛費は増額を続け、自衛隊と米軍との作戦上の一体化は際限なく進んでいきます。ここまでくればもう大丈夫という実感がないまま、抑止力に始まり抑止力につながる政策のスパイラルが進んでいく。

一方、日本では、少子高齢化が進み、国家財政は悪化の一途をたどっています。どこまで行けばいいのか、到達点が見えない抑止力強化の一方、戦争の心配から解放される展望はありません。なぜなら、中国も北朝鮮も、軍拡を止めないからです。

抑止とは何か。それは、戦争をしかけても反撃にあって思い通りにはならない、あるいは戦争を仕掛ければ報復して手痛い罰を与えることを相手に認識させることによって、戦争する意欲を抑え込む作用のことです。

相手は、抑え込まれたくなければ、いっそう攻撃能力を高めるでしょう。そうして強くなった相手を抑止しようとすれば、こちらも能力を高めなければなりません、それは、軍拡競争であり、緊張を高めることになります。日本の安全保障政策は、本当に今のままでいいのだろうか。その問いは、政策の出発点であり目標である「抑止力」を問うことにほかなりません。

安全保障は、安全でありたいという願望から出発するにしても、不安にまかせてやりたいことを考えれば際限がありません。戦略とは、自らの国力の限界の中で現実に可能な手段・方法を特定し、その手段・方法によって達成可能な目標を定めることです。「身の丈に合わない」目標の設定は、やがて国を疲弊させ、破滅に導くことになりかねません。軍事大国ではない日本は、軍事的手段では大国にかないません。その足りないところを何によって埋め合わせるかを考えることが安全保障戦略ということです。

これまでのところそれは、「アメリカの抑止力に頼ること」でした。戦争に敗れた日本が占領状態から独立を回復した一九五〇年代には、世界は米ソを中心とする二つの陣営に分かれて対峙する冷戦の状態にありました。敗戦によって武装解除された日本は、軍事的安全保障をアメリカに依存するほかはありませんでした。アメリカも、東半球における米ソ対決の最前線である日本を守らなければならない必要がありました。

やがて日本が経済成長を遂げ、国力を回復すると、日本が自身の防衛により大きい責任を引き受けるようになりました。日本の防衛力は、本格的なソ連との戦争ではなく、限定的で小規模な侵略に対処するための基盤的防衛力と定義されました。それを超える規模の侵略に対しては、アメリカが助けに来てくれることを予定し、核の脅威に対してはアメリカの核抑止に依存することとされてきました。

こうした態勢をとることによって、小規模な攻撃から核戦争に至るまでのすべての段階の軍事的脅威に対処することが可能であると考えられていました。げんに日本は、侵略されることも、侵略が切迫している恐怖を感じることもなく冷戦の時代を過ごしてきました。これは、抑止戦略の成功例と言ってよいと思います。

では、なぜその当時の抑止は成功したのか。米ソ二大陣営の対立は、共産主義と自由主義という統治や生活のあり方にかかわるイデオロギーの対立であり、決して妥協することがない対立でした。にもかかわらず、米ソの戦争はなかった。それは、相いれない対立であったからこそ、ひとたび戦えば確実に核の撃ち合いに拡大するはずであり、そうなれば敵を倒したとしても自分も滅んでしまうという共通認識があったからだと思います。

抑止とは、反撃・報復の能力とともに、実際にそうするであろうという意志を確信しなければ成り立ちません。そうなっては困るから、戦争を控える作用が生まれます。米ソは、平和共存しながら政治的・経済的に体制の優劣を競う状況となり、安定が生まれます。そういう国際情勢の下で、日本は戦争の危機さえ感じずに過ごしてきたのです。ある者はそれを抑止の効果と捉え、またある者はそれを平和憲法のおかげだと感じていたわけです。

今日、冷戦は遠い昔の話となりました。アメリカ一強の時代は終わり、中国が大国として台頭しています。アジア地域に限定すれば、中国はすでにアメリカの軍事行動を制約できる力をつけています。日本は、またしても米中二大国のはざまで、最前線に位置することになりました。

脅威とは、侵略の能力と意志で成り立ちます。日本が中国を脅威と感じるのは、中国の経済が成長を続ける中で軍拡がどこまでも進んでいくと同時に、中国の掲げる「大中華」の目標があまりにも漠然として、どこまで行けば満足するのかわからないからです。つまり、能力も意志も際限がないと感じるからです。その中で、日本の領土である尖閣の周辺に公船を侵入させている。多くの日本人が戦争の危機を感じるのも当然です。

ただ、安全保障というのは、心配だから何でもするというものではありません。日本が、抑止のためと思って自衛隊を出せば、中国も軍隊を出してきます。それは、戦争開始の引き金を引くことになります。いざ戦争になれば、頑強に抵抗しなければなりません。しかし、自ら進んで事態を拡大する口実を与えてはいけない。そこに、抑止の難しさがあります。

アメリカが出てきて守ってくれるかもしれません。そのために海兵隊が沖縄にいれば抑止力になるという考え方もあります。それで中国が諦めれば、まさに抑止なのですが、中国がアメリカとの対決をしてでも目的を達成する覚悟を持ったならば、米中の戦争になります。基地がある日本は、当然、ミサイルの標的になる。

中国は、尖閣のためにアメリカと戦おうとはしないという予測も成り立ちます。それは、抑止であると同時に、戦争によらない妥協の余地があることを意味しています。我慢できる範囲だから抑止が成り立つということです。

一方、台湾の場合はどうでしょうか。台湾の独立阻止は、中国の立場では絶対に譲れない目標です。台湾をめぐって米中が衝突すれば、核を使わないまでも、本格的な戦争になるでしょう。お互いに引けないからです。その時、日本も無傷ではいられません。また、米中が戦えば、世界経済は破綻し、誰もが大きなダメージを受けることになります。

そんな戦争はしないと思いたい。しかし、米中の貿易や技術をめぐる確執や人権をめぐる政治的対立の中で、台湾海峡に米軍の艦艇が遊弋している状況を見れば、「可能性は低いが起きたら大変なことになる」戦争のリスクは、現存しています。その背景には、米中の経済的・軍事的優位をめぐる覇権抗争があるので、こうした状況は今後も継続すると考えなければなりません。

では、日本はどうすればいいのでしょうか。冷戦時代のような大国間の相互抑止による安定を求めるとすると、中国がアメリカに匹敵するＩＣＢＭと核弾頭を持てば、相互抑止状態となって安定するかもしれません。相互に滅びることが、核による相互抑止の前提だからです。また、アメリカにとっては、そうなる前に中国を叩く方が合理的のように見えます。

しかし、そうした核軍拡競争や先制的な戦争を、誰も望まないでしょう。つまり、中国が台頭し、アメリカに迫ってくるトレンドを、戦争で止めることはできないということです。

米中が将来、どこで、どのような形で安定するのか、今のところわかりません。しかし、米中戦争が日本にとって最悪のシナリオであることは間違いない。

これまで日本は、力不足を力で補おうとしてきました。その場合の選択肢は、アメリカの力（抑止力）に依存するか、中国に依存するか、自前の核武装をするかという三択しかなく、答えはアメリカ以外にありませんでした。しかし、大国間の安定がない時代にアメリカの抑止力に依存するということは、いざというときにアメリカの側で戦争に参加することであり、日本が戦争に巻き込まれることを意味しています。

抑止は、反撃の能力と意志を相手が認識することで成り立ちます。反撃の能力においてアメリカを疑う余地はありませんが、冷戦時代に明確であったアメリカの意志は、今や曖昧です。「曖昧であることが抑止」という発想もありますが、反撃の意志が不明確なことは、相手の誤算の余地を増大して戦略的安定を阻害します。日本にとっても、中国にとっても、アメリカにとっても、「こんなはずではなかった」結果を招くリスクがあります。そして、アメリカが反撃の能力を発揮するとき（それが抑止力の核心です）、日本は間違いなく戦場になる。

日本の安全保障の最大の目標は、今日、米中戦争の回避をおいてほかにありません。そのとき、アメリカの抑止力に頼るだけの政策でよいのか、国民のみなさんに是非とも考えていただきたいことです。

戦争を「国家目標達成のための武力の行使」と捉えれば、目的は戦争すること自体ではなく、目標を達成することにあるはずです。その点について、相互に妥協の余地がないのかを考えるところに、戦争を回避する道筋があると思います。

脅威は、能力と意志で成り立つと述べました。能力でかなわない国であるからこそ、意志をなくすアプローチをとらなければなりません。米中の戦争の能力は、他のいかなる国をも凌駕していますから、米中戦争を他の国が抑止することはできません。米中戦争を回避する唯一の方法は、米中が和解して戦争の意志を持たないようにすることです。日本は、他のアジア諸国と共同してその和解のための仲介を心掛ける必要があるのではないでしょうか。アメリカと一緒に戦争の当事者となっては、そうした働きかけはできません。大国が自国第一主義に走る今日の世界の中で、日本に期待される役割は、そういうところにあるのだと思います。

日本は今、政策的思考を転換しなければなりません。「自衛隊を活かす会」は、以下のような問題提起をしたいと思います。

第一に、自ら力を背景とした強制外交をしないことはもちろん、大国のパワー・ゲームに与しないミドル・パワーであるべきことです。

ミドル・パワーの力の源泉は、普遍的な道理を貫くことです。その意味で日本は、過去の戦争の歴史に自ら向き合わなければなりません。国家間の意志の対立があれば、正義は一つではないという道理に立って、相手に譲る覚悟を持たなければなりません。また、唯一の被爆国として、自分の安全を重視する核抑止の立場に立つよりも、核からの安全を重視して核廃絶に向かうほうが、よほど説得力があるでしょう。なお、憲法改正について言えば、まず、こうした国家像的選択の議論を先行させるべきだと考えます。

第二に、日米安保体制については、米中のパワー・バランスの基本構造となっている現実がある限り、急激な変化を求めないほうがいいという立場です。ただ、米軍基地の使用については、日本がアメリカの戦争に自動的に参戦することがないように心がける必要があります。

日本がアメリカの戦争に巻き込まれないというのであれば、アメリカも無条件で日本を守ることはしないでしょう。しかし、同盟とは、もともとそういうものです。大国間の戦略的安定を欠く安全保障ジレンマの時代には、巻き込まれるか見捨てられるかの同盟ジレンマを避けて通ることはできません。

同時に、新安保法制の下で無限定に進む米軍と自衛隊の一体化には運用上の歯止めをかけなければなりませんし、防衛予算の増額にも歯止めが必要です。また、ＩＮＦ条約を離脱したアメリカによる日本への陸上型中距離ミサイルの配備といった戦略バランスを変化させる防衛強化には、慎重でなければなりません。

第三に、ミドル・パワーとしての日本にふさわしい防衛のあり方は、専守防衛を貫くことによって、相手に戦争や軍拡の口実を与えないことです。

専守防衛は、無抵抗の論理ではありません。相手を打倒するような勝利は求めない代わりに、侵略には頑強に抵抗しなければなりません。それは、なまじの覚悟ではできないことを認識しなければなりません。それでも、アメリカに戦争を委ねるよりは、少なくとも自分でどこまでやるかを考えることができる。ひいては、何を守るために戦うかを決めることができるでしょう。

第四に、核問題について付言すれば、冷戦時代と異なって核兵器が使う動機のない兵器となりつつある現在、核の傘に頼る政策を見直さなければなりません。米国のトランプ政権が、核を使える兵器として位置づけようとしていることは、そうした流れへの逆行です。仮に、日本に中距離核が配備されることになれば、中国と日本の間で核の均衡が図られることになり、米本土が巻き込まれない地域核戦争の危険が生まれるのであって、そうした事態を許してはなりません。

なお、北朝鮮の核をめぐる米朝交渉は、核の完全廃棄を前提とせずに合意が達成される可能性を排除できません。その場合、米朝和解を優先させることが日朝の対話と拉致問題解決につながり、核兵器の全面廃棄の展望も見えてくるのではないでしょうか。

ここで述べてきたことは、どれも簡単なことではありません。しかし、「日米同盟基軸」で思考停止した挙句、戦争に巻き込まれてしまうことがないようにするためにも、早めに議論しておく意義があるのではないでしょうか。この「提言」が、そうした議論のたたき台になることがあれば幸いです。

編著者プロフィール（50音順）

伊勢崎賢治（いせざき・けんじ）
東京外国語大学大学院総合国際学研究科教授（平和構築論）。早稲田大学理工学部卒、同大学院修士。国連職員や日本政府代表として、シエラレオネPKOなどで武装解除を指揮。著書に、『本当の戦争の話をしよう』、『Radicalization in South Asia』（共著）など。

加藤朗（かとう・あきら）
桜美林大学教授（紛争論・国際政治論）。早稲田大学政治経済学部卒、同大学院修士。防衛研修所（当時）に入所し、その間、ハーバード大学国際問題研究所などで客員研究員を歴任。著書に『日本の安全保障』、『13歳からのテロ問題』、『闘う平和学』（共著）など。

内藤酬（ないとう・しゅう）
河合塾小論文講師（自然科学系小論文担当）。京都大学理学部卒、同大学院博士課程修了、理学博士。元防衛研究所助手。戦争と平和、科学と文明、思想と哲学に関心を寄せる。著書に『核時代の思想史的研究』、『全共闘運動の思想的総括』など。

柳澤協二（やなぎさわ・きょうじ）
国際地政学研究所理事長。東京大学法学部卒。防衛庁（当時）に入庁し、運用局長、防衛研究所長などを経て、2004年から09年まで内閣官房副長官補（安全保障・危機管理担当）。著書に『検証　官邸のイラク戦争』、『自衛隊の転機』、『抑止力を問う』（共著）など。

自衛隊を活かす会（じえいたいをいかすかい）
2014年6月に設立。呼びかけ人は、柳澤協二（代表）、伊勢崎賢治、加藤朗。「現行憲法のもとで誕生し、国民に支持されてきた自衛隊のさらなる可能性を探り、活かす」（設立趣意書）ことをめざす。編著に『新・自衛隊論』、『新・日米安保論』など。

抑止力神話の先へ――安全保障の大前提を疑う

2020年3月20日　第1刷発行

著　者　©伊勢﨑賢治、加藤朗、内藤酬、柳澤協二
編　者　自衛隊を活かす会
発行者　竹村正治
発行所　株式会社　かもがわ出版
〒602-8119　京都市上京区堀川通出水西入
TEL 075-432-2868 FAX 075-432-2869
振替　01010-5-12436
ホームページ　http://www.kamogawa.co.jp
印刷所　シナノ書籍印刷株式会社

ISBN978-4-7803-1079-5　C0031